Andreas Brethauer

Entwicklung einer Methode zur Temperaturbestimmung von Fluiden mithilfe von Berührungsthermometern bei niedrigen Eintauchtiefen

Entwicklung einer Methode zur Temperaturbestimmung von Fluiden mithilfe von Berührungsthermometern bei niedrigen Eintauchtiefen

Andreas Brethauer

Universitätsverlag Ilmenau
2019

Impressum

Bibliografische Information der Deutschen Nationalbibliothek
Die Deutsche Nationalbibliothek verzeichnet diese Publikation in der Deutschen Nationalbibliografie; detaillierte bibliografische Angaben sind im Internet über http://dnb.d-nb.de abrufbar.

Diese Arbeit hat der Fakultät für Maschinenbau der Technischen Universität Ilmenau als Dissertation vorgelegen.

Tag der Einreichung:	16. Juli 2018
1. Gutachter:	Univ.-Prof. Dr.-Ing. habil. Thomas Fröhlich (Technische Universität Ilmenau)
2. Gutachter:	Prof. Dr.-Ing. Elmar Engels (Hochschule Fulda)
3. Gutachter:	Univ.-Prof. Dr.-Ing. habil. Eberhard Manske (Technische Universität Ilmenau)
Tag der Verteidigung:	10. April 2019

Technische Universität Ilmenau/Universitätsbibliothek
Universitätsverlag Ilmenau
Postfach 10 05 65
98684 Ilmenau
http://www.tu-ilmenau.de/universitaetsverlag

ISBN 978-3-86360-207-9 (Druckausgabe)
URN urn:nbn:de:gbv:ilm1-2019000157

Titelgrafik: Veit Henkel | Fakultät für Maschinenbau, TU Ilmenau

Whether you think you can,

or you think you can't,

you're right.

Henry Ford (1863 - 1947)

Zusammenfassung

Die exakte Ermittlung der Temperatur gewinnt u. a. in der Wärmeverbrauchsmessung eine immer höhere Bedeutung. Hier wird mithilfe der Temperaturdifferenz an einem Vor- und Rücklauf in Kombination mit der Durchflussmenge die entnommene Wärme bestimmt. Messabweichungen haben hier eine direkte Auswirkung auf die Kostenabrechnung. Konstruktionsbedingt ist bei den gängigen Wärmemengenzählern an der Thermometer-Einbaustelle des Rücklaufs nur wenig Platz. Hier wird häufig tangential in das Medium eingetaucht, was eine nicht vernachlässigbare Messabweichung verursacht.

In der Arbeit wird die Messabweichung durch Wärmeableitung und das Ansprechverhalten von Widerstandsthermometern bei geringen Eintauchtiefen in ein zu messendes Medium näher untersucht. Dabei wird die Bedeutung einer thermischen Ankopplung des Sensors an das Medium, sowie die Entkopplung von der anders temperierten Umgebung deutlich. Einen Einfluss hat auch das verwendete Medium. In der Wärme-/Kälteübertragung werden häufig Wasser-Glykol-Gemische verwendet. Deren Verwendung hat gerade bei niedrigen Strömungsgeschwindigkeiten einen hohen Einfluss auf die thermische Messabweichung und das Ansprechverhalten eines Widerstandsthermometers. Zudem wurde auch die Möglichkeit zur Nutzung des Loop Current Step Response Tests in der Wärmeverbrauchsmessung validiert. Dies erlaubt das Messen von Ansprechzeiten unter Einbaubedingungen.

Ziel der Arbeit ist die Nutzbarmachung erzielter Erkenntnisse. So wurde eine Prüfeinrichtung zur Untersuchung von Widerstandsthermometern unter Einbaubedingungen entwickelt und validiert. Diese, als Strömungskanal konzipierte Prüfeinrichtung, erlaubt die Untersuchung des statischen und dynamischen Verhaltens von Thermometern, sowie den direkten Vergleich unterschiedlicher Einbaustellen. Die Messstrecken sind über ein Kleinflansch-Verbindungssystem austauschbar. Die Durchführung und Auswertung der unterschiedlichen Messprogramme läuft automatisch über eine eigens entwickelte Software ab. Eine weitere Neuentwicklung ist ein für niedrige Eintauchtiefen optimiertes Widerstandsthermometer. Hier wurden wärmeleitfähige und thermisch isolierende Kunststoffe kombiniert. So wurde eine gute Ankopplung des Temperatursensors an das zu messende Medium, sowie eine Entkopplung von der anders temperierten Umgebung realisiert.

Abstract

The exact determination of temperature becomes more and more important - particularly in the field of heat consumption measurement. Here, the temperature difference at the forward and return line in combination with the flow rate is used to determine the heat extracted. Measurement uncertainty have a direct effect on the cost accounting. Due to design of commonly used heat meters, there is only little space at the installation point of the thermometer at the return line. At this point the thermometer is often immersed tangentially, which causes a non-negligible measurement deviation.

This thesis analyses in detail the measurement deviation caused by heat conduction and the response behavior of resistance thermometers at low immersion depth into a medium. The significance of a thermal connection of the sensor to the medium and the decoupling from the differently tempered environment becomes clear. The used medium is also important; for example: water-glycol mixtures are often used in heat-/cooling transfer applications. Their use has a high influence on the thermal measurement deviation and the response behavior of a resistance thermometer, especially at low flow rates. In addition, the possibility of using the Loop Current Step Response Test in the heat consumption measurement was validated. This test allows to measure the response times of resistance thermometers under installation conditions.

Target of this thesis is the utilization of the obtained knowledge. A testing device for the examination of resistance thermometers under installation conditions was developed and validated. This device is designed as a flow channel and enables the examination of the static and dynamic behavior of thermometers, as well as the direct comparison of different installation points. The measuring sections can be easily exchanged via flange system. The implementation and evaluation of the different measuring programs runs automatically - due to a software which was especially developed for this application. A resistance thermometer - optimized for low immersion depths and combining heat conducting and insulating plastics - is another new development. Thus a good coupling of the temperature sensor to the medium as well as a decoupling from the different tempered environment was implemented.

Mein Dank gilt all jenen, ohne die diese Arbeit nicht möglich gewesen wäre!

Meinen Betreuern Univ.-Prof. Dr.-Ing. habil. Thomas Fröhlich
und Prof. Dr.-Ing. Elmar Engels.

Meinem Freund und betrieblichen Betreuer Stefan Krummeck,
sowie Dipl.-Phys. Matthias Nau, Dipl.-Ing. (FH) Jens Lang
und der JUMO GmbH & Co. KG.

Meiner Freundin Elina Schäfer, M.Eng.

Meinen Eltern Elvira und Lothar Brethauer.

Meiner Familie, meinen Freunden und meinen Kollegen.

Inhaltsverzeichnis

1 Aufbau der Arbeit

Zur besseren Orientierung innerhalb dieser Arbeit soll an dieser Stelle ein Überblick über den Aufbau der Arbeit gegeben werden.

Kapitel 2 gibt zunächst eine Einführung in das Thema und die Motivation der vorliegenden Arbeit. Zudem wird eine Übersicht über die in dieser Arbeit durchgeführten Untersuchungen gegeben.

Kapitel 3 gibt eine theoretische Einführung in die Thematik und beschreibt den Stand der Technik auf dem diese Arbeit aufbaut.

Kapitel 4 beschreibt die, in dieser Arbeit zur Bestimmung von Thermometerkennwerten verwendeten, Versuchsaufbauten. Es wird zudem unter Kapitel 4.5 eine bei der JUMO GmbH & Co. KG entstandene Prüfeinrichtung ausführlich beschrieben. Diese dient der Bestimmung von Thermometerkennwerten unter Einbaubedingungen für den Bereich der Wärmeverbrauchsmessung. Mindesteintauchtiefen und Ansprechzeiten für Thermometer werden nach unterschiedlichen Normen ermittelt und machen Thermometer so vergleichbar. Mit dem Verhalten unter Einbaubedingungen haben die so ermittelten Werte jedoch oft wenig gemeinsam.

In Kapitel 5 wird das statische Verhalten unterschiedlicher Thermometerkonstruktionen im Bereich der Wärmeverbrauchsmessung untersucht. Dabei wird sich auch der Finite Elemente Methode (FEM) bedient. Das Kapitel untersucht dabei auch, wie gut die Simulation mit den gemessenen Eigenschaften zusammen passt. Als Alternative zur FEM werden unterschiedliche theoretische Modelle aus der Literatur herangezogen und in den Vergleich miteinbezogen.

Das dynamische Verhalten unterschiedlicher Thermometer in der Wärmeverbrauchsmessung ist Thema von Kapitel 6. Neben dem unter Normbedingungen ermittelten Ansprechverhalten, wird mit dem Loop Current Step Response (LCSR) Test auch eine Methode zur Bestimmung des Ansprechverhaltens unter Einbaubedingungen vorgestellt und untersucht. Weiter wird die Darstellbarkeit von Thermometer-Sprungantworten mithilfe von RC-Modellen näher untersucht.

Auch das Medium, in dem gemessen wird, hat einen enormen Einfluss auf ermittelte Thermometerkennwerte. In der Wärmeverbrauchsmessung wird nicht immer Wasser als Medium eingesetzt. In der Kälteübertragung oder in der Solarthermie werden beispielsweise häufig Wasser-Glykol-Gemische verwendet. Den Einfluss eines geänderten Mediums auf die Temperaturmessung untersucht Kapitel 7.

Die während dieser Arbeit entstandenen Erkenntnisse sollen in Kapitel 8 Anwendung finden. Hierzu wird ein, während dieser Arbeit entstandenes, für niedrige Eintauchtiefen optimiertes Thermometer vorgestellt. Außerdem werden hier Untersuchungsergebnisse der in Kapitel 4.5 beschriebenen Prüfeinrichtung dargestellt.

Abschließend wird in Kapitel 9 ein Fazit gezogen und ein Ausblick gegeben, wie es in dem Thema weitergehen kann.

2 Einleitung und Motivation

Die Temperatur gehört zu den wichtigsten und am häufigsten gemessenen Prozessgrößen der Industrie. Der Markt für Temperatursensorik wächst weltweit stetig [1] [43] [56] [63] [72] [111]. Das präzise Messen von Temperaturen ist wichtiger Bestandteil zahlreicher Prozesse. Die präzise Temperaturmesstechnik findet unter anderem Anwendung in der Prozesstechnik, der Energietechnik oder der Lebensmitteltechnologie. Konkrete Beispiele sind die Kostenabrechnung in der Solarthermie, die Temperaturüberwachung von Akkuzellen eines Elektrofahrzeugs oder die Temperaturregelung beim Extrudieren von Thermoplasten in 3D-Druckern. Der Mensch nimmt streng genommen keine Temperatur, sondern einen Wärmestrom wahr. Daher fühlt sich z. B. kaltes Metall, wegen seiner höheren Wärmeleitfähigkeit, bei gleicher Temperatur kälter an als Holz. Der Mensch kann über Wärme- und Kältepunkte in der Haut einen Temperaturbereich von 8 °C bis 50 °C wahrnehmen. Temperaturen außerhalb dieses Bereichs werden als Schmerz empfunden [109].

Eine genaue Bestimmung der Temperatur ist z. B. auch in der Wärmeverbrauchsmessung besonders wichtig. Messabweichungen können hier zu Abweichungen bei der Berechnung der verbrauchten Wärmemenge und somit zu fehlerhaften Kostenabrechnungen führen. Zur Temperaturbestimmung in der Wärmeverbrauchsmessung kommen in der Regel Widerstandsthermometer zum Einsatz. Einen besonders hohen und oft wenig beachteten Einfluss auf die Messabweichung hat dabei die Wärmeableitung. Diese entsteht durch einen Wärmestrom vom zu messenden Medium, zum Temperatursensor, über die Einbaustelle des Thermometers, hin zur anders temperierten Umgebung. Der Temperatursensor misst streng genommen nicht die Temperatur des Mediums, sondern die eigene. Es muss also ein thermischer Ausgleich mit dem zu messenden Medium herbei geführt werden. Hierbei spielt jedoch auch die anders temperierte Umgebung eine Rolle.

Die vorliegende Arbeit hat zum Ziel, den Einfluss der Wärmeableitung auf die Temperaturbestimmung genauer zu beleuchten. Dabei wird sich insbesondere auf den Bereich der Wärmeverbrauchsmessung konzentriert. Eine nicht zu vernachlässigende Rolle spielt bei der Wärmeableitung jedoch auch das Medium, in dem gemessen wird. Hier werden beispielsweise in der Kälteübertragung oder der Solarthermie häufig Wasser-Glykol-Gemische eingesetzt. Die physikalischen Eigenschaften eines solchen Gemisches weichen hinsichtlich Dichte, Viskosität, spezifischer Wärmekapazität und Wärmeleitfähigkeit von Wasser ab. J. F. March [87] und F. Adunka [3] zeigen, dass dies zu veränderten Messbedingungen und -abweichungen beim Bestimmen der entnommenen Wärmemenge führt. Die vorliegende Arbeit beschäftigt sich in diesem Zusammenhang mit dem Einfluss, der durch den Wechsel des Mediums geänderten Bedingungen, auf die Temperaturmessung, die einen wesentlichen Beitrag zur Bestimmung der entnommenen Wärmemenge darstellt.

Die Arbeit beschäftigt sich in weiteren Untersuchungen mit der Messung von Ansprechzeiten von Widerstandsthermometern. Hier wird der sogenannte LCSR-Test näher untersucht. Dieser Test hat den Vorteil, dass er im eingebauten Zustand des Thermometers durchgeführt werden kann. In diesem Zusammenhang entsteht zudem ein Vergleich von Thermometerkennwerten, die über genormte Testverfahren entstehen, mit solchen, die unter Einbaubedingungen gemessen werden. Im Verlauf der Arbeit entsteht dabei eine Prüfeinrichtung zur Untersuchung von Thermometerkennwerten unter Einsatzbedingungen. Diese ist als Strömungskanal ausgelegt und kann für unterschiedliche Untersuchungsmodi umkonfiguriert werden. So besteht neben der Möglichkeit statischer und dynamischer Untersuchungen an unterschiedlichen und austauschbaren Messstreckenaufbauten auch die Möglichkeit Wärmemengenzähler (WMZ) mit Vor- und Rücklauf im Einsatz zu simulieren und so zu untersuchen.

Um die gewonnenen Erkenntnisse nutzbringend anwenden zu können, entsteht ein Thermometerkonzept, welches auch bei niedrigsten Eintauchtiefen noch optimal die Temperatur misst. Dabei finden neben Erkenntnissen aus der Mess- und Wärmeübertragungstechnik auch Methoden der Kunststofftechnik Anwendung.

Eine Übersicht über die durchgeführten Untersuchungen zeigt Tabelle 2.1. Zu jeder Untersuchung sind die verwendeten Versuchsaufbauten und Prüflinge angegeben. Für die Untersuchungen in Strömungskanälen wurde eine eingeschränkte Auswahl an Prüflingen verwendet, da nur für diese Einbaustellen vorhanden waren. Das in Kapitel 8 beschriebene Kunststoff-Thermometer wurde nicht in allen Strömungskanälen untersucht. Im Laufe der vorliegenden Arbeit wurde der in Kapitel 4.5 beschriebene Strömungskanal entwickelt. Dieser ersetzt und erweitert die Möglichkeiten der anderen Strömungskanäle. Für die Untersuchung des Kunststoff-Thermometers wurde daher dieser Strömungskanal genutzt.

Untersuchung	Versuchsaufbau	untersuchte Prüflinge
Wärmeableitfehler (siehe Kapitel 5)	Wasserbad zur Bestimmung des Wärmeableitfehlers (siehe Kapitel 4.1)	$D = 5{,}2\,\text{mm}$, Edelstahl $D = 4{,}0\,\text{mm}$, Edelstahl $D = 4{,}2\,\text{mm}$, Kunststoff, Edelstahl-Spitze $D = 2{,}5\,\text{mm}$, gut wärmeleitender Kunststoff Kunststoff-Thermometer (siehe Kapitel 8)
Ansprechverhalten (siehe Kapitel 6)	Wasserbad zur Bestimmung des Ansprechverhaltens (siehe Kapitel 4.3)	$D = 5{,}2\,\text{mm}$, Edelstahl $D = 4{,}0\,\text{mm}$, Edelstahl $D = 4{,}2\,\text{mm}$, Kunststoff, Edelstahl-Spitze $D = 2{,}5\,\text{mm}$, gut wärmeleitender Kunststoff $D = 6\,\text{mm}$, gut wärmeleitender Kunststoff $D = 6\,\text{mm}$, Edelstahl, gut wärmeleitende Spitze $D = 6\,\text{mm}$, Kunststoff, gut wärmeleitende Spitze Kunststoff-Thermometer (siehe Kapitel 8)
	Strömungskanal zur Bestimmung des Ansprechverhaltens (siehe Kapitel 4.4)	$D = 5{,}2\,\text{mm}$, Edelstahl $D = 4{,}0\,\text{mm}$, Edelstahl
LCSR-Test (siehe Kapitel 6)	Wasserbad zur Bestimmung des Ansprechverhaltens (siehe Kapitel 4.3 und 4.6)	$D = 5{,}2\,\text{mm}$, Edelstahl $D = 4{,}0\,\text{mm}$, Edelstahl $D = 4{,}2\,\text{mm}$, Kunststoff, Edelstahl-Spitze $D = 2{,}5\,\text{mm}$, gut wärmeleitender Kunststoff $D = 6\,\text{mm}$, gut wärmeleitender Kunststoff $D = 6\,\text{mm}$, Edelstahl, gut wärmeleitende Spitze $D = 6\,\text{mm}$, Kunststoff, gut wärmeleitende Spitze
	Strömungskanal zur Bestimmung des Ansprechverhaltens (siehe Kapitel 4.4 und 4.6)	$D = 5{,}2\,\text{mm}$, Edelstahl $D = 4{,}0\,\text{mm}$, Edelstahl
Medieneinfluss auf die Temperaturmessung (siehe Kapitel 7)	Strömungskanal für Asymmetriemessungen (siehe Kapitel 4.2)	$D = 4{,}0\,\text{mm}$, Edelstahl
	Wasserbad zur Bestimmung des Ansprechverhaltens (siehe Kapitel 4.3)	$D = 5{,}2\,\text{mm}$, Edelstahl $D = 4{,}0\,\text{mm}$, Edelstahl Doppelwendelsensor
Thermometerkennwerte unter Einbaubedingungen (siehe Kapitel 8.3)	Strömungskanal zur Untersuchung von Widerstandsthermometern unter Einbaubedingungen (siehe Kapitel 4.5)	$D = 5{,}2\,\text{mm}$, Edelstahl $D = 4{,}0\,\text{mm}$, Edelstahl Kunststoff-Thermometer (siehe Kapitel 8)

Tabelle 2.1: Übersicht über die durchgeführten Untersuchungen und die dafür verwendeten Versuchsaufbauten und Prüflinge.

3 Theoretische Grundlagen und Stand der Technik

3.1 Die Temperatur

Die Temperatur gehört zu den intensiven Größen. Sie ändert sich also nicht mit der Größe des Systems. Wärme ist physikalisch gesehen die Energie in einem Körper aufgrund der ungeordneten Bewegung seiner Atome. Mit der Erhöhung der Temperatur nimmt auch die innere Energie, also die Bewegung der Atome, eines Körpers zu. Das Maß der Temperatur ist das Kelvin (K). Dabei entsprechen 0 K dem absoluten Nullpunkt der Temperatur, bei dem die Atome eines Körpers ruhen. Praktisch erreicht werden kann dieser absolute Nullpunkt nicht. Der absolute Nullpunkt ist ein theoretischer Wert, der nach dem 3. Hauptsatz der Thermodynamik nur bei einer perfekten Kristallgitterstruktur möglich ist [120].

Die Messung der Temperatur ist nur indirekt, über die Auswirkung der Temperatur auf physikalische Eigenschaften, möglich. Dies kann unter anderem der elektrische Widerstand, die Längenausdehnung eines Metalls, die elektrische Thermospannung oder die Schwingungsfrequenz eines Quarzes sein. Soll die Messung objektiv und genau sein, muss der genutzte Effekt reproduzierbar und stabil sein. Zur Messung der Temperatur in °C wurden im Jahr 1742 von Anders Celsius zwei Fixpunkte bestimmt. Zum einen der Schmelzpunkt von Eis mit 0 °C, und zum anderen der Siedepunkt von Wasser mit 100 °C. Somit war es nun möglich Thermometer jederzeit zu kalibrieren und reproduzierbare Messungen durchzuführen. Die so entstandene Skala ist jedoch eine Intervallskala, was das Bilden von Verhältnissen verbietet. Eine physikalisch eindeutige Definition der Temperatur gelang erst im 19. Jahrhundert mit den Hauptsätzen der Thermodynamik. Es war nun erstmals möglich die Temperatur zu definieren ohne dafür eine Stoffeigenschaft zu verwenden [89]. Zudem ist die so entstandene Skala eine Verhältnisskala, was auch das Bilden von Verhältnissen erlaubt.

Nach der allgemeinen Gasgleichung für ein Mol eines Gases gilt

$$pV_{\mathrm{m}} = R_{\mathrm{m}}T. \tag{3.1}$$

p Druck
V_{m} Molvolumen
R_{m} Gaskonstante
T Temperatur

Über diesen Zusammenhang kann die Messung der Temperatur auf die Messung des Drucks eines bekannten Volumens zurückgeführt werden. Es werden also keine materialabhängigen Hilfsgrößen und Umrechnungsfaktoren mehr benötigt, wie dies z. B. beim Quecksilberthermometer der Fall ist. Bei dem in Abbildung 3.1 dargestellten Gasthermometer wird auf diese Weise der hydrostatische Druck bzw. die Höhe der hydrostatischen Flüssigkeitssäule gemessen [89].

$$p = \rho g x \tag{3.2}$$

ρ Dichte
g Erdbeschleunigung
x Höhe der hydrostatischen Flüssigkeitssäule

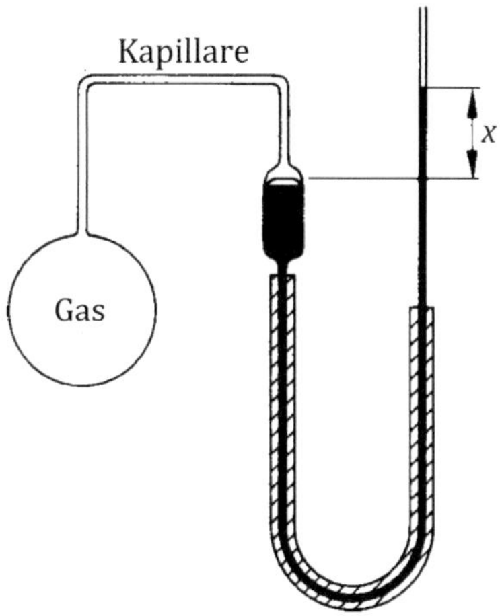

Abbildung 3.1: Aufbau eines Gasthermometers [51].

Das Volumen eines eingeschlossenen idealen Gases wird dabei durch Heben oder Senken von Quecksilber in der Kapillare konstant gehalten.

$$V_{\text{Gas}} + V_{\text{Hg}} = \text{konst.} \tag{3.3}$$

V_{Gas} Gasvolumen
V_{Hg} Quecksilbervolumen

Für die Celsius-Skala werden nun die Fixpunkte x_{E} (Schmelzpunkt von Eis) und x_{S} (Siedepunkt von Wasser) festgelegt und der Länge $x_{\text{E}} - x_{\text{S}}$ werden 100 °C zugeordnet. Es gilt dann für die Temperatur

$$T = \frac{x - x_{\text{E}}}{x_{\text{S}} - x_{\text{E}}} \cdot 100\,^{\circ}\text{C}. \tag{3.4}$$

Daraus ergibt sich für den Spannkoeffizienten des Gases α folgender Zusammenhang:

$$T = \frac{1}{\alpha}\frac{x - x_\mathrm{E}}{x_\mathrm{E}} \tag{3.5}$$

$$\Rightarrow \alpha = \frac{x_\mathrm{S} - x_\mathrm{E}}{x_\mathrm{E} \cdot 100\,^\circ\mathrm{C}} \tag{3.6}$$

Wenn nun mit verschiedenen idealen Gasen und verschiedenen Füllmengen gemessen wird, so gilt folgendes:

$$\alpha = \frac{1}{273{,}15\,^\circ\mathrm{C}} \tag{3.7}$$

$$\Rightarrow T = \frac{x - x_\mathrm{E}}{x_\mathrm{E}} \cdot 273{,}15\,^\circ\mathrm{C} \tag{3.8}$$

Es kann hieraus gefolgert werden, dass für den absoluten Nullpunkt der Temperatur

$$x = 0 \Rightarrow T = -273{,}15\,^\circ\mathrm{C} \tag{3.9}$$

gilt. Damit folgt schließlich auch

$$\boxed{0\,\mathrm{K} \mathrel{\widehat{=}} -273{,}15\,^\circ\mathrm{C}} \tag{3.10}$$

für den absoluten Nullpunkt der Temperatur. Aufgrund dieser Erkenntnisse wurde 1852 von Lord Kelvin die thermodynamische Temperaturskala eingeführt. Die beiden nötigen Fixpunkte waren der absolute Nullpunkt (0 K) und der 1954 festgelegte zweite Fixpunkt, der Tripelpunkt des Wassers (273,16 K).

Damit gilt für die Definition der Einheit der thermodynamischen Temperatur:

1 Kelvin ist der 273,16-te Teil der thermodynamischen Temperatur des Tripelpunktes von Wasser.

Die International Temperature Scale of 1990 (ITS-90) [96] definiert die Darstellung der thermodynamischen Temperatur. Dazu werden eine Reihe Fixpunkte festgelegt. Dies sind die Temperaturen an Erstarrungs-, Schmelz- oder Tripelpunkten unterschiedlicher hochreiner Stoffe. So sind z. B. der Tripelpunkt von Wasser (0,01 °C) oder der Schmelzpunkt von Gallium (29,7646 °C) solche Fixpunkte. Diese Fixpunkte dienen nun weiter als Stützstellen, zwischen denen, unter Verwendung festgelegter Kennliniengleichungen, interpoliert wird. So kann auch zwischen den Fixpunkten sicher die Temperatur bestimmt werden.

3.2 Berührungsthermometrie mit Widerstandsthermometern

Neben z. B. Bimetallthermometern, gehören unter anderem auch Widerstandsthermometer zu den Berührungsthermometern. Berührungsthermometer kommen direkt mit dem Festkörper oder dem Fluid, dessen Temperatur bestimmt werden soll, in Berührung. Bei der Temperaturmessung mit Widerstandsthermometern wird der Effekt der temperaturabhängigen Widerstandsänderung von Materialien ausgenutzt [112]. Bei Metallen wird die Änderung des spezifischen Widerstands wesentlich durch die temperaturabhängige Änderung der Relaxationszeit bestimmt.

$$\rho(T) = \frac{m}{ne^2\tau(T)} \tag{3.11}$$

$\rho(T)$ temperaturabhängiger spezifischer Widerstand
n Elektronenanzahl
m Elektronenmasse
e Elementarladung
$\tau(T)$ temperaturabhängige Relaxationszeit

Da jedoch noch weitere temperaturabhängige Effekte den Widerstand eines Materials beeinflussen ist eine exakte Beschreibung nur schwer möglich. Der Zusammenhang von elektrischem Widerstand und Temperatur wird daher in der Regel über ein Polynom mit den Koeffizienten A, B, C, usw. beschrieben, welches durch die Approximation anhand von Messwerten entsteht.

$$R(T) = R_0(1 + AT + BT^2 + CT^3 + ...) \tag{3.12}$$

$R(T)$ temperaturabhängiger elektrischer Widerstand
R_0 elektrischer Widerstand bei Bezugstemperatur $0\,^{\circ}\mathrm{C}$

Um genaue und reproduzierbare Messungen zu gewährleisten, sind für die Auswahl von Materialien für Widerstandsthermometer die folgenden Dinge von Bedeutung:

- Eine gut reproduzierbare, stetige Kennlinie $R(T)$.
- $R(T)$ sollte keine Hysterese aufweisen.
- Eine Kennlinie $R(T)$, die auch über längere Zeit stabil bleibt.
- Der spezifische Widerstand sollte möglichst hoch sein.
- Der Temperaturkoeffizient des Widerstands sollte möglichst hoch sein.
- Der Widerstand sollte möglichst druckunabhängig sein.
- Der Widerstand sollte durch Einflüsse wie Korrosion, Verformung oder chemische Einflüsse nicht verändert werden.

- Temperaturbelastungen dürfen keine Änderungen des Kristallgitters bewirken, durch die $R(T)$ beeinflusst wird.

In der Regel werden daher als Sensormaterialien vor allem Platin, Nickel und Kupfer verwendet. Die Kennlinien dieser Materialien sind Abbildung 3.2 zu entnehmen. Wegen seiner guten Eigenschaften, ist das Platin-Widerstandsthermometer das in der industriellen Messtechnik am häufigsten eingesetzte Widerstandsthermometer. Dabei ist für R_0 vor allem $100\,\Omega$, $200\,\Omega$, $500\,\Omega$ und $1000\,\Omega$ gebräuchlich. Die Widerstandsthermometer werden dann passend zu dem chemischen Symbol für Platin mit Pt100, Pt200, Pt500 bzw. Pt1000 bezeichnet. Niedrigere Werte als $100\,\Omega$ sind wenig gebräuchlich, da mit ihnen eine zu niedrige Widerstandsänderung mit einer Temperaturänderung einhergeht. Die gebräuchliche, in der IEC 751 / DIN EN 60751 [41] genormte, Standard-Kennlinie für Platinwiderstände ist folgendermaßen definiert:

$$R(T) = \begin{cases} R_0(1 + AT + BT^2) & \text{für } 0\,°\text{C} \leq T \leq 850\,°\text{C} \\ R_0(1 + AT + BT^2 + C(T - 100\,°\text{C})T^3) & \text{für } -200\,°\text{C} \leq T \leq 0\,°\text{C} \end{cases} \tag{3.13}$$

$$A = 3{,}9083 \cdot 10^{-3}\,°\text{C}^{-1} \tag{3.14}$$

$$B = -5{,}775 \cdot 10^{-7}\,°\text{C}^{-2} \tag{3.15}$$

$$C = -4{,}183 \cdot 10^{-12}\,°\text{C}^{-4} \tag{3.16}$$

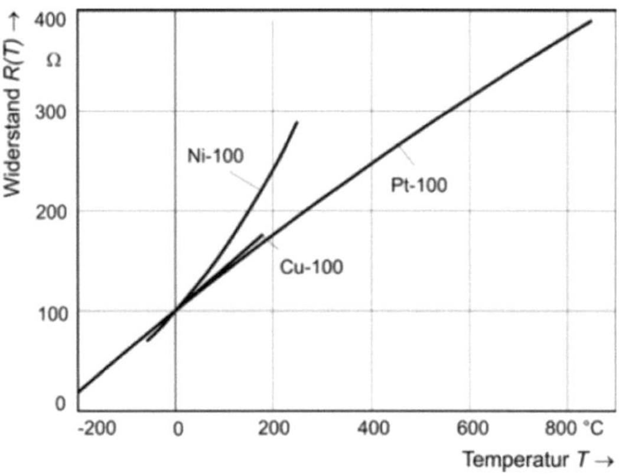

Abbildung 3.2: Kennlinien genormter Widerstandsthermometer ($R_0 = 100\,\Omega$) [20].

Für $T(R)$ resultiert durch Invertierung der Gleichung für $R(T)$ im Bereich $0\,°C \leq T \leq 850\,°C$ mit dem gemessenen Widerstand R_T

$$T(R_T) = a - \sqrt{b - c\left(\frac{R_T}{R_0} - 1\right)} \text{ für } 0\,°C \leq T \leq 850\,°C. \tag{3.17}$$

$$a = 3{,}3838095 \cdot 10^3\,°C \tag{3.18}$$

$$b = 1{,}1450167 \cdot 10^7\,°C^2 \tag{3.19}$$

$$c = 1{,}7316017 \cdot 10^6\,°C^2 \tag{3.20}$$

$T(R)$ im Bereich $-200\,°\mathrm{C} \leq T \leq 0\,°\mathrm{C}$ kann durch Approximation ermittelt werden. Hierdurch resultiert ein Näherungspolynom mit einer Abweichung von $\pm 0{,}1$ K gegenüber der exakten Funktion.

$$T(R_T) = \sum_{i=0}^{2} b_i \left(\frac{R_T}{\Omega}\right)^i °\mathrm{C} \text{ für } -200\,°\mathrm{C} \leq T \leq 0\,°\mathrm{C} \tag{3.21}$$

$$b_0 = -242{,}85 \tag{3.22}$$

$$b_1 = 2{,}2809 \tag{3.23}$$

$$b_2 = 1{,}4863 \cdot 10^{-3} \tag{3.24}$$

3.3 Platin-Dünnschicht-Temperatursensoren

Messwiderstände für die Temperaturmessung gibt es in unterschiedlichen Ausführungen, die je nach Anforderung ausgewählt werden. Zum Einsatz kommen dabei meist gewickelte Platindrähte, zwischen zwei Polymerfolien eingebetteter Platindraht/-film oder Flachmesswiderstände. Bei Flachmesswiderständen wird Platin als Leiterbahn strukturiert auf eine Keramikschicht aufgebracht (siehe Abbildung 3.3). Solche Flachmesswiderstände existieren in Dickschicht- und in Dünnschichttechnik. In der Wärmeverbrauchsmessung kommen in der Regel Platin-Dünnschicht-Temperatursensoren zum Einsatz, weshalb sich auch in der vorliegenden Arbeit auf diese konzentriert wird.

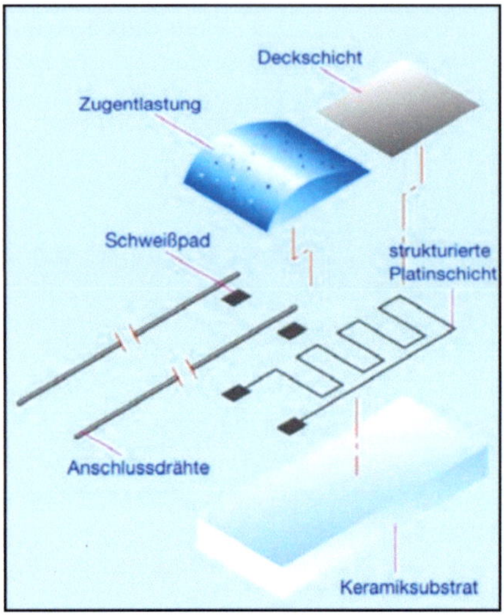

Abbildung 3.3: Aufbau eines Platin-Dünnschicht-Temperatursensors [75].

3.4 Fehlereinflüsse bei Temperaturmessung mit Widerstandsthermometern

Bei der Messung der Temperatur mit Widerstandsthermometern kommt es zu unterschiedlichen Fehlereinflüssen. Diese sollen nun kurz im Einzelnen beschrieben werden.

3.4.1 Rückwirkung

In der Berührungsthermometrie muss das Thermometer mit dem Messobjekt in ein thermisches Gleichgewicht gebracht werden. Das Thermometer misst also streng genommen die eigene Temperatur und nicht die Temperatur des

Messobjekts.

Die zum Temperaturausgleich des Thermometers nötige Wärmemenge wird dem Messobjekt entzogen oder zugeführt. Hierdurch entsteht eine Änderung der thermischen Energiebilanz, und somit der Temperatur des zu messenden Objekts durch das Berührungsthermometer [20].

Problematisch ist dieser Zusammenhang vor allem bei der Berührungsthermometrie an Festkörpern und in ruhenden Medien. Aber auch Kreis- und Ringströmungen mit geringem Volumen können hier problematisch sein. In dieser Arbeit geht es um die Untersuchung strömender Medien. Hier ist der Einfluss der Rückwirkung in der Regel deutlich geringer.

3.4.2 Wärmeableitung

Über die Einbaustelle des Thermometers und die Anschlussleitungen des Temperatursensors ist ein Widerstandsthermometer in der Regel thermisch nicht nur an das zu messende Medium gekoppelt. Es besteht auch eine thermische Kopplung zur anders temperierten Umgebung. Ist die Temperatur des Mediums höher als die der Umgebung, kommt es hierdurch zu einem Wärmestrom vom Medium, über den Sensor und die Anschlussdrähte, hin zur Umgebung. Dieser Vorgang bewirkt eine Abweichung der Sensortemperatur von der Temperatur des Mediums. Da der Sensor seine eigene Temperatur und nicht die des Mediums misst, entsteht eine Messabweichung. Durch Gegenheizen kann der Wärmeableitung längs des Thermometers entgegen gewirkt werden [20]. Der Temperaturgradient und somit der Wärmestrom kann so minimiert werden. Auf die Zusammenhänge bezüglich Wärmeableitung wird in Kapitel 3.6 näher eingegangen.

3.4.3 Strahlung

Neben Konvektion und Wärmeleitung kann aber auch Wärmestrahlung die Ursache für einen Wärmestrom darstellen. Dieser Wärmestrom kann z. B.

vom Thermometer hin zu einer Einbaustelle von niedrigerer Temperatur entstehen. Berücksichtigt werden muss dies vor allem bei der Temperaturmessung in Gasen. Beschreiben lässt sich dies mit Gleichung 3.25 [20]. Ein zylindrischer Strahlungsschutz mit möglichst geringem Emissionskoeffizienten um ein Thermometer kann dem entgegenwirken [2]. Besonders effektiv ist das geregelte Heizen des Strahlungsschutzes auf die Temperatur des Thermometers.

$$\Delta T = T_{\mathrm{M}} - T_{\mathrm{W}} = \frac{\varepsilon_{\mathrm{T}} \sigma_{\mathrm{S}}}{\alpha} (T_{\mathrm{T}}^4 - T_{\mathrm{W}}^4) \tag{3.25}$$

ΔT	Messabweichung durch Strahlung
T_{M}	Temperatur des Mediums
T_{T}	Temperatur des Thermometers
ε_{T}	Emissionsgrad des Thermometers
σ_{S}	Stefan-Boltzmann-Konstante
α	Wärmeübergangskoeffizient
T_{W}	Wandtemperatur

3.4.4 Recovery-Effekt

Durch das Abbremsen des Mediums am Thermometer wird Bewegungsenergie in Wärmeenergie umgewandelt. Bei sehr hohen Relativgeschwindigkeiten zwischen Thermometer und Medium führt dies zu einer Messabweichung [20]. Für die Messabweichung durch den Recovery-Effekt gilt dann

$$\Delta T = r \frac{v^2}{2c_p}. \tag{3.26}$$

ΔT	Messabweichung durch den Recovery-Effekt
v	Relativgeschwindigkeit zwischen Medium und Thermometer
c_p	spezifische Wärmekapazität des Mediums

Da auch ein Teil der Wärmeenergie an die Umgebung abgegeben wird, wurde der Rückgewinnungsfaktor r eingeführt [88]. Es gilt $0 \leq r \leq 1$. Eine Abschätzung für r gelingt mithilfe der Prandtl-Zahl Pr für $Pr \leq 1$ über $\sqrt{Pr} \leq r \leq \sqrt[3]{Pr}$ [66]. Die Abbildungen 3.4 und 3.5 zeigen die Prandtl-Zahlen für Wasser und trockene Luft in Abhängigkeit von der Temperatur. Für die in dieser Arbeit vorkommenden, vergleichsweise niedrigen Relativgeschwindigkeiten, kann der Recovery-Effekt jedoch vernachlässigt werden.

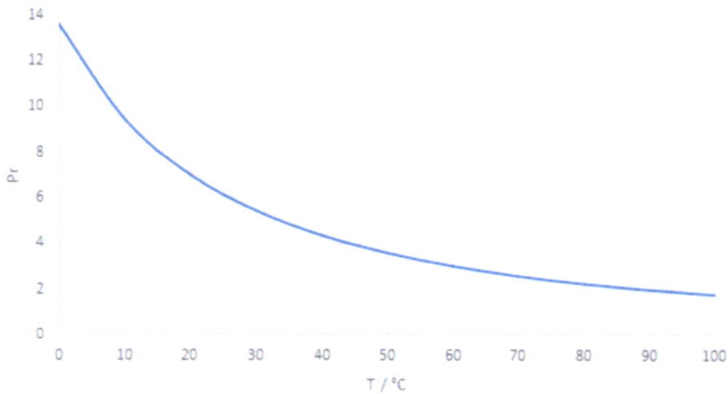

Abbildung 3.4: Prandtl-Zahl von Wasser im Sättigungszustand in Abhängigkeit von der Temperatur [118].

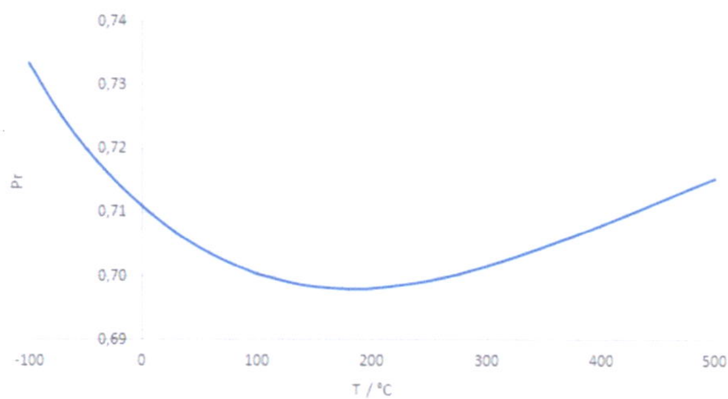

Abbildung 3.5: Prandtl-Zahl von trockener Luft in Abhängigkeit von der Temperatur bei einem Druck von $p = 1\,\text{bar}$ [118].

3.4.5 Eigenerwärmung

Durch den elektrischen Messstrom beim Messen mit einem Widerstandsthermometer entsteht eine Verlustwärme am Messwiderstand [67]. Diese Verlustwärme führt zu einem verfälschten Messergebnis. Die dabei entstehende Messabweichung lässt sich folgendermaßen beschreiben:

$$\Delta T = \frac{R_{\mathrm{M}} I^2}{\alpha A} \tag{3.27}$$

ΔT Messabweichung durch Eigenerwärmung
R_{M} Messwiderstand
I Messstrom
A am Wärmetransport beteiligte Oberfläche
α Wärmeübergangskoeffizient an A

Die Abweichung kann rechnerisch beseitigt werden, indem bei 2 unterschiedlich großen Messströmen gemessen wird. Es kann nun eine lineare Funktion der Temperatur in Abhängigkeit von der Leistung $T(P)$ mit der Leistung $P = R_{\mathrm{M}} I^2$ beschrieben werden. Dazu werden die zwei Messpunkte eingetragen und anschließend wird in den Punkt $P = 0$ extrapoliert. Die dem Punkt $P = 0$ entsprechende Temperatur ist nun die Temperatur ohne Abweichung durch Eigenerwärmung.

3.4.6 Thermospannung

Wenn zwei elektrische Leiter aus unterschiedlichen Materialien verbunden werden und entlang dieser ein Temperaturgradient besteht, so entsteht eine geringe thermoelektrische Spannung. Ursache sind der Peltier-, der Thomson- und der Seebeck-Effekt. Diese Effekte können theoretisch miteinander verknüpft werden, um einen absoluten Seebeck-Koeffizienten zu bilden, der auch experimentell bestimmt werden kann [100].

Nutzbar gemacht werden diese Effekte z. B. in der Temperaturmessung mit Thermoelementen. Aber auch zur Gewinnung elektrischer Nutzenergie [34] oder umgekehrt zur Klimatisierung [51] kann der Effekt genutzt werden. Bei der Temperaturmessung mit Widerstandsthermometern können die Effekte jedoch zu einer Messabweichung führen. Eine ungewollt erzeugte Spannung verändert den Messwert. Diese entsteht durch Inhomogenitäten der Temperaturverteilung im Thermometer und Materialien mit unterschiedlichen Seebeck-Koeffizienten (z. B. Kupfer und Platin) im Stromkreis. Eine Möglichkeit den Effekt zu vermeiden besteht in der Messung mit Wechselstrom oder Gleichstrom bei wechselnder Polarität. Durch eine Mittelwertbildung wird nun die Messabweichung durch die Thermospannung eliminiert [20].

3.4.7 Elektromagnetische Einstreuungen und Isolationswiderstand

Durch unterschiedliche Einflüsse entsteht ein zum Messwiderstand parallel geschalteter Isolationswiderstand [20]. Diese Einflüsse können z. B.

- die Trägerkeramik des Messwiderstands,
- ein endlicher Isolationswiderstand zwischen den Anschlussleitungen des Messwiderstands,
- der Isolationswiderstand zwischen Messwiderstand / Messstromkreis und elektrisch leitender Abschirmung oder Schutzrohr
- oder in das Thermometer eindringende Feuchtigkeit

sein. Der dadurch resultierende Isolationswiderstand bewirkt einen verringerten Messwert, also eine negative Messabweichung. Darstellen lässt sich dies anhand von Gleichung 3.28.

$$R_{\mathrm{g}} = \frac{R_{\mathrm{M}} \cdot R_{\mathrm{iso}}}{R_{\mathrm{M}} + R_{\mathrm{iso}}} \tag{3.28}$$

R_g gemessener Gesamtwiderstand
R_M Widerstand des Sensors
R_{iso} Isolationswiderstand

Zudem stellen zwei parallel verlaufende Anschlussleitungen einen Kondensator dar [36]. Dieser überträgt dann, z. B. durch nahe liegende Versorgungsleitungen eingekoppelte, Stör- und Wechselspannungen zwischen diesen. Entgegengewirkt werden kann dem durch Leitungsabschirmungen, die auf Erdpotential gelegt sind.

3.4.8 Leitungswiderstand

Bei der Widerstandsmessung zur Temperaturbestimmung lassen sich drei Messschaltungen unterscheiden [21].

Bei der **Zweileiterschaltung** wird der Messwiderstand über zwei Anschlussleitungen mit der Messschaltung verbunden. Hierbei wird der Leitungswiderstand mitgemessen und insbesondere Temperaturänderungen auf der Leitung führen zu einer Messabweichung.

Bei der **Dreileiterschaltung** (siehe Abbildung 3.6) wird der Leitungswiderstand herausgerechnet. Dazu müssen jedoch alle drei Anschlussleitungen den gleichen Widerstandswert R_L aufweisen, was in der Praxis nur näherungsweise möglich ist. Es gilt dann

$$R_M = \frac{2U_2 - U_1}{I}. \tag{3.29}$$

R_M Messwiderstand
U_1 gemessene elektrische Spannung 1
U_2 gemessene elektrische Spannung 2
I elektrischer Strom

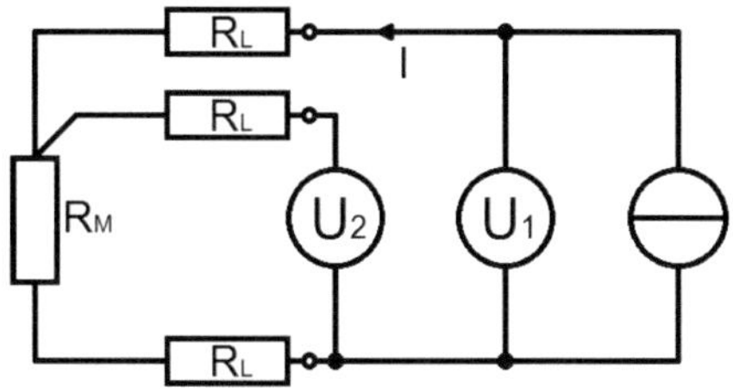

Abbildung 3.6: Dreileiterschaltung zur elektrischen Widerstandsmessung.

Die in Abbildung 3.7 dargestellte **Vierleiterschaltung** berücksichtigt die Widerstände der Anschlussleitungen R_{L1} bis R_{L4} erst gar nicht und es kommt zu keiner Messabweichung durch diese. Der Nachteil liegt in den zusätzlich benötigten Anschlussleitungen, was gerade bei langen Anschlussleitungen die Kosten in die Höhe treiben kann.

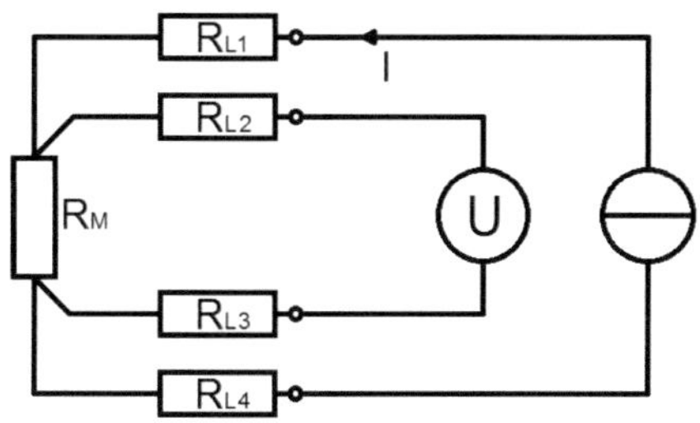

Abbildung 3.7: Vierleiterschaltung zur elektrischen Widerstandsmessung.

3.4.9 Drift

Beim Einsatz eines Thermometers ist dieses einem häufigen, zum Teil extremen, Temperaturwechsel ausgesetzt. Dabei können mechanische Spannungen durch unterschiedlich starke Materialausdehnungen im Sensor entstehen. Der elektrische Widerstand eines Temperatursensors ändert sich in der Regel in Abhängigkeit von solchen mechanischen Spannungen. Zudem kann es zu chemischen Reaktionen des Messwiderstands mit seiner Umgebung, zu Veränderungen in der Kristallstruktur des Messwiderstands und zur Verringerung des Isolationswiderstands von Trägermaterialien am Sensor kommen. Auch dies hat in der Regel einen Einfluss auf den gemessenen elektrischen Widerstand. Aufgrund dieser Einflüsse kann der gemessene Widerstand bei einer gegebenen Temperatur im Laufe der Zeit driften und so zu einer Abweichung beim Umrechnen des gemessenen elektrischen Widerstands in eine zugehörige Temperatur führen [20].

3.4.10 Kalibrierung

Kalibrieren meint das Feststellen des Zusammenhangs zwischen Messwert und Messgröße [37]. Bei Widerstandsthermometern wird hier also der Zusammenhang zwischen elektrischem Widerstand und Temperatur ermittelt. Hierzu wird das zu kalibrierende Thermometer in ein thermisches Gleichgewicht mit einem System bekannter Temperatur gebracht. Bei der Vergleichskalibrierung wird dazu ein Fluid oder ein Festkörper verwendet, dessen Temperatur mit einem Normal höherer Ordnung gemessen wird. Bei der Absolutwertkalibrierung wird die Temperatur bei der Phasenumwandlung eines Fixpunktmaterials genutzt [96].

Bei der Kalibrierung geht die Messunsicherheit des Kalibriervorgangs (z. B. die Messunsicherheit des Vergleichsnormals) in die Messunsicherheit des zu kalibrierenden Thermometers mit ein.

Zwischen den einzelnen Kalibrierpunkten wird nun interpoliert. Beschrieben ist dieser Vorgang beispielsweise in der DAkkS-DKD-R 5-6 [33]. Kennlinien zur Umrechnung gemessener elektrischer Widerstände R bzw. elektrischer Spannungen U in Temperaturen T werden in der Regel mithilfe von Kennlinienpolynomen der Form $R(T) = \sum_{i=0}^{n} a_i T^i$ bzw. $U(T) = \sum_{i=0}^{n} a_i T^i$ angegeben. Hierdurch tritt eine zusätzliche Abweichung vom wahren Wert auf.

Eine Berechnung der Temperatur aus einer solchen Kennlinie erfordert für einfache Polynome ein Umstellen der Gleichung nach T (siehe hierzu Abbildung 3.8). Für komplexere Polynome gibt es, z. B. im Fall von Thermoelementen, inverse Kennlinienpolynome [40]. Diese sind jedoch mit einer Abweichung zu den Ursprungspolynomen behaftet und stellen somit einen zusätzlichen Fehlereinfluss dar.

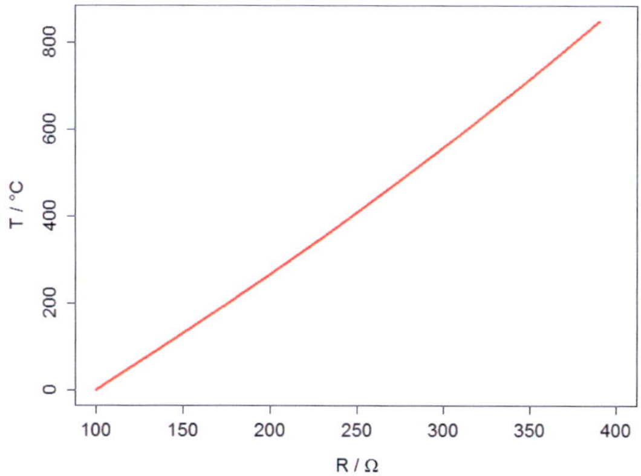

Abbildung 3.8: Nach T umgestellte Kennlinie eines Messwiderstands ($R(T) = R_0(1 + AT + BT^2)$ für $T \geq 0\,°C$, Pt100) [41].

3.5 Wärmeübertragung

Wärmeübertragung kann nach W. Polifke und J. Kopitz [95] durch drei Arten geschehen:

1. Wärmeleitung
2. Konvektion
3. Wärmestrahlung

Nach P. Böckh und T. Wetzel ist eine Trennung von Wärmeleitung und Konvektion jedoch streng genommen unzulässig, da Wärmeübertragung durch Konvektion ohne Wärmeleitung nicht möglich ist [23].

3.5.1 Wärmeleitung

Wärmeleitung beschreibt den diffusen Energietransport durch freie Elektronen, Gitterschwingungen und mikroskopische Atom- / Molekülbewegungen [95]. Abhängig ist die Wärmeleitung wesentlich von der Wärmeleitfähigkeit λ, einer temperaturabhängigen Materialeigenschaft, die die Materialabhängigkeit der Wärmeleitung wieder gibt. Das Fourier'sche Gesetz der Wärmeleitung beschreibt die örtliche Wärmestromdichte durch Wärmeleitung $\vec{q}(\vec{x})$ folgendermaßen:

$$\vec{q}(\vec{x}) = -\lambda \nabla T(\vec{x}) \tag{3.30}$$

Im eindimensionalen Fall folgt

$$\dot{q}_x = -\lambda \frac{dT}{dx}. \tag{3.31}$$

Eine weitere wichtige Größe ist die Temperaturleitfähigkeit a. Sie kann als ein Maß für die Ausbreitungsgeschwindigkeit eines Temperaturfeldes interpretiert werden [19].

$$a = \frac{\lambda}{\rho c_p} \tag{3.32}$$

ρ Dichte
c_p spezifische Wärmekapazität

Für die Temperaturdifferenz ΔT und den Wärmestrom $\dot{Q}$ kann mit dem thermischen Widerstand R analog zum Ohm'schen Gesetz der Elektrotechnik folgendes definiert werden:

$$\Delta T = R\dot{Q} \tag{3.33}$$

$$R_\lambda = \frac{l}{\lambda A} \tag{3.34}$$

R_λ Wärmeleitwiderstand
A Fläche
l Länge

3.5.2 Konvektion

Der konvektive Wärmeübergang meint den Wärmeübergang zwischen einem Fluid und einer begrenzenden Fläche. Wärmeübertragung durch Konvektion unterteilt sich in freie und erzwungene Konvektion. Dabei beschreibt die freie Konvektion den Wärmeübergang im Schwerefeld der Erde, bei dem es durch Dichteunterschiede im Fluid zu Auftriebskräften kommt. Bei der erzwungenen Konvektion wird hingegen durch eine äußere Einwirkung eine Strömung erzeugt. Nach Newton gilt für die Wärmestromdichte durch Konvektion

$$\dot{q}_\alpha = \alpha(T_W - T_\mathrm{M}). \tag{3.35}$$

$\dot{q}_\alpha$ Wärmestromdichte durch Konvektion
α Wärmeübergangskoeffizient
T_W Wandtemperatur
T_M Temperatur des Mediums

Eine nicht ganz einfache Aufgabe ist nun die Ermittlung des Wärmeübergangskoeffizienten α. Es wird hierzu ein dimensionsloser Wärmeübergangskoeffizient, die Nußelt-Zahl, definiert.

$$Nu = \frac{\alpha L}{\lambda_\mathrm{F}} \tag{3.36}$$

Nu Nußelt-Zahl
L charakteristische Länge
λ_F Wärmeleitfähigkeit des Fluids

Die Nußelt-Zahl kann zudem über Korrelationen für bestimmte Geometrien ermittelt werden. Dafür werden Funktionen in Abhängigkeit von Reynolds-Zahl Re und Prandtl-Zahl Pr bestimmt.

$$Nu = f(Re, Pr) \tag{3.37}$$

$$Re = \frac{v \rho L}{\eta} \tag{3.38}$$

v Geschwindigkeit
η dynamische Viskosität

$$Pr = \frac{\eta c_p}{\lambda_F} \tag{3.39}$$

Für $10 < Re < 10^7$ und $0,6 < Pr < 1000$ kann eine Näherung der Nußelt-Zahl querangeströmter Zylinder nach Gnielinski [118] erfolgen. Hierzu wird mit dem Zylinder-Durchmesser d für die charakteristische Länge die Überströmlänge $L_{ü} = L = \frac{d\pi}{2}$ angenommen.

$$Nu = 0,3 + \sqrt{Nu_{L_{ü},lam}^2 + Nu_{L_{ü},turb}^2} \tag{3.40}$$

$$Nu_{L_{ü},lam} = 0,664 \sqrt[3]{Pr} \sqrt{Re_{L_{ü}}} \tag{3.41}$$

$$Nu_{L_\text{ü},\text{turb}} = \frac{0,037 Re_{L_\text{ü}}^{0,8} Pr}{1 + 2,443 Re_{L_\text{ü}}^{-0,1} (Pr^{2/3} - 1)} \tag{3.42}$$

In Anlehnung an das Ohm'sche Gesetz gilt für den Wärmeübergangswiderstand beim konvektiven Wärmeübergang

$$R_\alpha = \frac{1}{\alpha A}. \tag{3.43}$$

R_α Wärmeübergangswiderstand beim konvektiven Wärmeübergang
A am Wärmeübergang beteiligte Fläche

3.5.3 Wärmestrahlung

Der Wärmetransport durch Wärmestrahlung benötigt kein übertragendes Medium und geschieht im Vakuum oder in Gasen vom wärmeren zum kühleren Körper. Beschreiben lässt sich der Wärmeaustausch durch Wärmestrahlung mit dem Gesetz von Stefan-Boltzmann [20].

$$\dot{Q}_\text{S} = \frac{\sigma_\text{S}(T_1^4 - T_2^4)}{\frac{1}{\varepsilon_1 A_1} + \frac{1}{A_2}(\frac{1}{\varepsilon_2} - 1)} \tag{3.44}$$

$\dot{Q}_S$ Wärmestrom durch Strahlung
σ_S Stefan-Boltzmann-Konstante
A_1 Wärmeleistung abgebende Fläche
A_2 Wärmeleistung aufnehmende Fläche
T_1 Temperatur an Fläche A_1
T_2 Temperatur an Fläche A_2
ε_1 Emissionsgrad Fläche A_1
ε_2 Emissionsgrad Fläche A_2

Wird die kleinere Fläche von der größeren Fläche umgeben und gilt $A_2 \gg A_1$, was in der Regel beim Messen der Temperatur der Fall ist, kann die Gleichung vereinfacht werden.

$$\dot{Q}_S = \varepsilon_1 \sigma_S A_1 (T_1^4 - T_2^4) \tag{3.45}$$

Zur einfacheren Handhabung wird ein Wärmeübergangskoeffizient für Strahlungswärmeaustausch α_S eingeführt.

$$\alpha_S = \varepsilon_1 \sigma_S (T_1^2 + T_2^2)(T_1 + T_2) \tag{3.46}$$

Für die Wärmestromdichte durch Strahlung $\dot{q}_S$ gilt somit

$$\dot{q}_S = \varepsilon_1 \sigma_S (T_1^4 - T_2^4) = \alpha_S (T_1 - T_2). \tag{3.47}$$

Für den Wärmeübergangswiderstand bei Strahlung gilt nun

$$R_S = \frac{1}{\alpha_S A}. \tag{3.48}$$

R_S Wärmeübergangswiderstand bei Strahlung
A am Wärmeaustausch beteiligte Fläche (A_1)

3.6 Das statische Verhalten von Berührungsthermometern

3.6.1 Allgemeine Grundlagen

Ein oft unterschätzter Einflussfaktor beim Messen der Temperatur mit Berührungsthermometern ist die Wärmeableitung. Das zeitliche und räumliche Verhalten der Temperatur wird mit der Wärmeleitungsgleichung (Gleichung 3.49) beschrieben. Diese Gleichung ist, abgesehen von wenigen Einzelfällen, für die analytische Lösungen existieren, nicht trivial. Zudem sind Stoffdaten und die zur Lösung nötigen Randbedingungen zeit- und temperaturabhängig [12]. Für den stationären Fall vereinfacht sich Gleichung 3.49 zu Gleichung 3.50, da hier die zeitliche Ableitung $\frac{\partial T}{\partial t} = 0$ ist [59].

$$c_p \rho \frac{\partial T}{\partial t} = \frac{\partial}{\partial x}\left(\lambda \frac{\partial T}{\partial x}\right) + \frac{\partial}{\partial y}\left(\lambda \frac{\partial T}{\partial y}\right) + \frac{\partial}{\partial z}\left(\lambda \frac{\partial T}{\partial z}\right) + \dot{q} \tag{3.49}$$

c_p spezifische Wärmekapazität
ρ Dichte
t Zeit
λ isotrope Wärmeleitfähigkeit
T Temperatur
$\dot{q}$ Wärmequellenergiebigkeit

$$0 = \frac{\partial}{\partial x}\left(\lambda \frac{\partial T}{\partial x}\right) + \frac{\partial}{\partial y}\left(\lambda \frac{\partial T}{\partial y}\right) + \frac{\partial}{\partial z}\left(\lambda \frac{\partial T}{\partial z}\right) + \dot{q} \tag{3.50}$$

Die Wärmeübertragung vom Medium zum Sensor und zur anders temperierten Umgebung geschieht durch Wärmeleitung, Konvektion und Strahlung. Ein Temperatursensor misst dabei nicht die Temperatur des zu messenden Mediums T_M, sondern seine eigene Temperatur. Die Sensortemperatur T_S

wird, neben der Temperatur des zu messenden Mediums, auch durch die anders temperierte Umgebung T_U und Zusatzleistungen P_Z, wie z. B. die Eigenerwärmung durch einen Messstrom, beeinflusst (Abbildung 3.9).

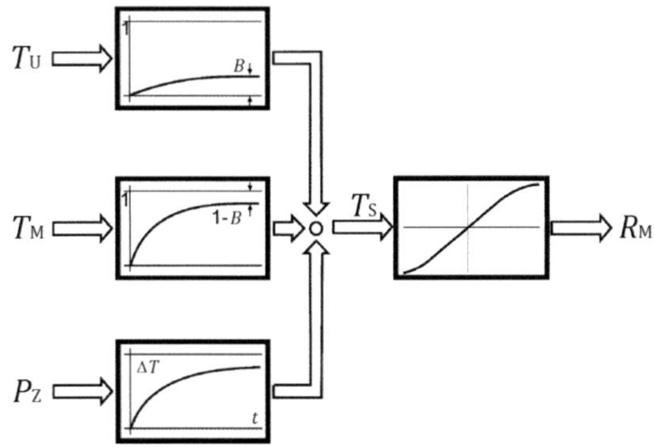

Abbildung 3.9: Thermische Kopplungen und Einflussfaktoren auf die Sensortemperatur bei Temperaturmessungen in strömenden Medien [20]. Die primäre Ausgangsgröße (z. B. der Messwiderstand R_M) wird aus der Sensortemperatur T_S abgeleitet. Diese wird über den Kopplungsfaktor B durch die Temperatur des zu messenden Mediums T_M und der anders temperierten Umgebung T_U, sowie Zusatzleistungen P_Z beeinflusst.

Zur Beschreibung der Wärmeableitung an Thermometern existieren unterschiedliche theoretische Modellansätze, auf die nun in den folgenden Unterkapiteln näher eingegangen wird.

3.6.2 Modell anhand von Kopplungsfaktoren

Ein relativ einfach zu handhabendes Modell bietet F. Bernhard [20] (siehe Abbildung 3.10). Dieses Modell basiert auf einem Kopplungsfaktor $B_W(z)$ zwischen Schutzrohrtemperatur $T(z)$ und Wandtemperatur T_W.

$$B_W(z) = \frac{T(z) - T_M}{T_W - T_M} \tag{3.51}$$

T_M Temperatur des Mediums

Da im Fall flüssiger Messmedien der Strahlungseinfluss (α_S) vernachlässigt werden kann und die interessierende Temperatur, diejenige am Schutzrohrende ($z = 0$) ist, kann die Gleichung 3.51 zu Gleichung 3.52 vereinfacht werden [20].

$$B_W(0) = \frac{1}{\cosh(mL)} \approx 2e^{-mL} \tag{3.52}$$

L Einbaulänge

$$m = \sqrt{\frac{4\alpha D}{\lambda(D^2 - d^2)}} \tag{3.53}$$

α Wärmeübergangskoeffizient
λ Wärmeleitfähigkeit des Schutzrohrs
D Außendurchmesser
d Innendurchmesser

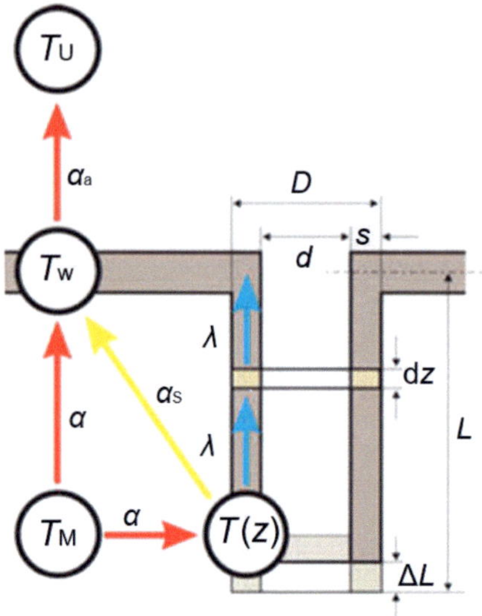

Abbildung 3.10: Einfaches thermisches Modell eines Thermometers nach F. Bernhard [20]. Der Schutzrohrboden wird durch eine Verlängerung der Einbaulänge um ΔL berücksichtigt.

Dieses Modell ermöglicht auch eine Näherungslösung zur Bestimmung einer kritischen Eintauchtiefe L_{min}, um eine zulässige relative Abweichung nicht zu überschreiten. Sollen für die Praxis taugliche Ergebnisse bestimmt werden, so ist jedoch in der Regel die experimentelle Bestimmung der kritischen Eintauchtiefe nötig [20].

$$L_{\mathrm{min}} \approx \frac{\ln(2) - \ln(B_{\mathrm{max}})}{m} \tag{3.54}$$

B_{max} maximal zulässige relative Abweichung

Das Modell lässt sich noch durch die Verwendung eines scheinbaren Wärmeübergangskoeffizienten $\alpha_\mathrm{L} = \frac{\alpha k}{\alpha + k}$ nach Lieneweg [83] erweitern, um die Genauigkeit des Modells zu verbessern. Ein scheinbarer Wärmeübergangskoeffizient α_L berücksichtigt dabei durch einen flächenbezogenen konstanten inneren thermischen Widerstand $\frac{1}{k}$, dass der Wärmeableitfehler für große Wärmeübergangskoeffizienten α nicht verschwindet.

Eine andere Erweiterung des Modells besteht in der Berücksichtigung weiterer Details. Dies kann in einem ersten Schritt ein Thermometer-Halsrohr sein, welches auch den Thermometerkopf repräsentiert. Um die Genauigkeit des Modells noch weiter zu verbessern, kann zudem noch der Messeinsatz berücksichtigt werden. Für näheres hierzu kann im Handbuch der Technischen Temperaturmessung [20] nachgeschlagen werden.

3.6.3 Modell in Analogie zur Elektrotechnik

Ein Modell von F. Adunka [3] zur Beschreibung der Wärmeableitung ist in Abbildung 3.11 dargestellt. Dieses Modell funktioniert mithilfe eines thermischen Ersatzschaltbildes, welches in Abbildung 3.12 dargestellt ist. Die Temperaturdifferenzen ΔT_1 und ΔT_2 ergeben sich folgendermaßen:

$$\Delta T_1 = T_\mathrm{M} - T_\mathrm{W} \tag{3.55}$$

$$\Delta T_2 = T_\mathrm{W} - T_\mathrm{U} \tag{3.56}$$

In den in dieser Arbeit gemachten Untersuchungen gilt in der Regel $T_\mathrm{W} = T_\mathrm{U}$. Die Sensortemperatur ergibt sich in diesem Fall mit

$$T_\mathrm{S} = \Phi_6 R_6 + T_\mathrm{U}. \tag{3.57}$$

T_S Sensortemperatur
Φ_6 Wärmestrom über die Zuleitung
R_6 Wärmeableitwiderstand

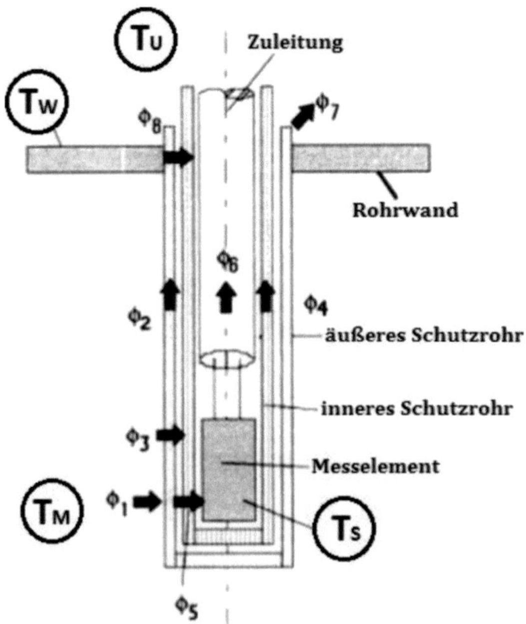

Abbildung 3.11: Thermisches Modell eines Thermometers nach F. Adunka [3].

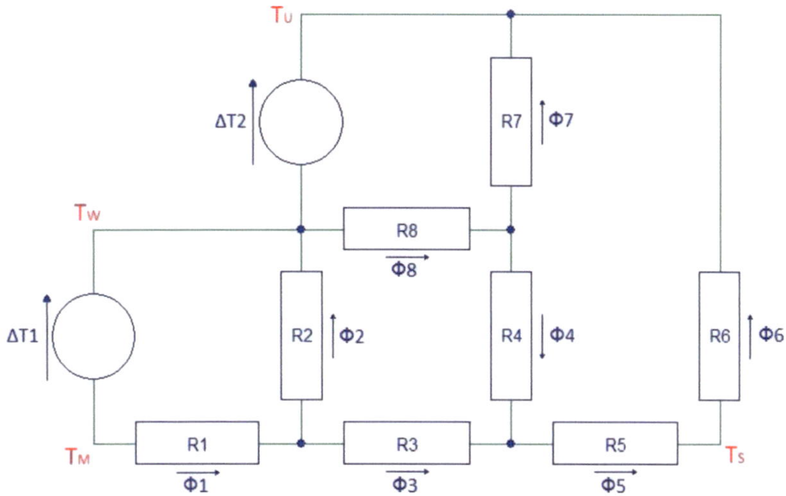

Abbildung 3.12: Ersatzschaltbild des Modells nach F. Adunka [3]. Dargestellt sind der Wärmeübergangswiderstand vom Wärmeträger auf das äußere Schutzrohr R_1, die Wärmeableitwiderstände R_2 und R_4, der Wärmedurchgangswiderstand R_3, der Wärmedurchgangswiderstand durch das innere Schutzrohr zum Messelement R_5, der Wärmeableitwiderstand R_6, der Wärmeübergangswiderstand zur umgebenden Luft R_7 sowie der Kontaktwiderstand zwischen innerem Schutzrohr und Rohrwand R_8.

$$R_1 = \frac{1}{\alpha A} \tag{3.58}$$

α Wärmeübergangskoeffizient
A am Wärmetransport beteiligte Oberfläche

$$R_2 = \frac{\cosh(K_2 L)}{\lambda A_2 K_2} \tag{3.59}$$

$$R_4 = \frac{\cosh(K_4 L)}{\lambda A_4 K_4} \tag{3.60}$$

$$K_i = \sqrt{\frac{\alpha d \pi}{\lambda A_i}} \tag{3.61}$$

L wirksame Einbaulänge
λ Wärmeleitfähigkeit des Schutzrohrs
A_i Querschnittsfläche des Schutzrohrs
d Thermometerdurchmesser

$$R_3 = \frac{l}{\lambda_0 d_\mathrm{i} L} \tag{3.62}$$

l Luftschichtdicke
λ_0 Wärmeleitfähigkeit der Luft
d_i Durchmesser des inneren Schutzrohrs

Für Standardthermometer gilt $R_5 \approx 0{,}03\,\mathrm{K/W}$.

$$R_6 = \frac{L_\mathrm{AL}}{\lambda_\mathrm{AL} A_\mathrm{AL}} \tag{3.63}$$

L_AL Länge der Anschlusslitze
λ_AL Wärmeleitfähigkeit der Anschlusslitze
A_AL zweifacher Querschnitt einer Anschlusslitze

$$R_7 = \frac{1}{\alpha_\mathrm{L} A_\mathrm{L}} \tag{3.64}$$

α_L Wärmeübergangskoeffizient vom Thermometer zur Umgebung
A_L am Wärmetransport zur Umgebung beteiligte Oberfläche

Für Standardthermometer in der Wärmeverbrauchsmessung (siehe z. B. Abbildung 6.7) gilt $R_8 \approx 0{,}3\,\mathrm{K/W}$.

3.7 Das dynamische Verhalten von Berührungsthermometern

3.7.1 Allgemeine Grundlagen

Bei einer Änderung der Umgebungstemperatur eines Thermometers ändert sich die Temperatur des Sensors mit einer zeitlichen Verzögerung. Dieses dynamische Verhalten wird mit der Wärmeleitungsgleichung (Gleichung 3.49) dargestellt. Um das dynamische Verhalten von Thermometern zu beschreiben, wird in der Regel die normierte Sprungantwort (siehe Abbildung 3.13) des Thermometers bestimmt. Mithilfe der normierten Sprungantwort lassen sich auch die in der Praxis häufig zum Vergleich von Thermometern verwendeten Zeitprozentwerte relativ einfach ermitteln. Diese geben die Zeit an, die benötigt wird, bis ein interessierender Anteil einer Temperaturdifferenz von zu messendem Medium und Umgebung angezeigt wird.

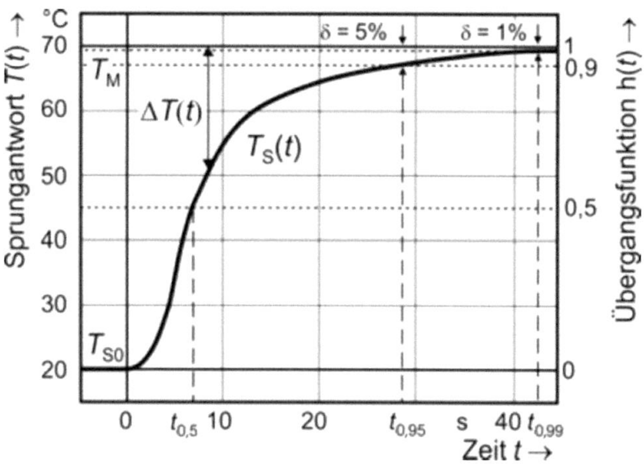

Abbildung 3.13: Typischer Einstellvorgang - Sprungantwort $T_S(t)$ eines Berührungsthermometers [20]. Angegeben sind die Zeitprozentwerte $t_{0,5}$, $t_{0,9}$ und $t_{0,95}$.

$$h(t) = \frac{T_S(t) - T_S(0)}{T_M - T_S(0)} \tag{3.65}$$

$h(t)$ normierte Sprungantwort
T_S Sensortemperatur
T_M Temperatur des Mediums

3.7.2 RC-Ketten-Modelle

Mathematisch lässt sich die Sprungantwort eines Thermometers bei einem plötzlichen äußeren Temperatursprung gut als Tiefpass (modelliert als RC-Modell) darstellen [20]. Ein Tiefpass 1. Ordnung (siehe Gleichung 3.66) ergibt bereits eine erste Näherung für Thermometer im Bereich der Wärmeverbrauchsmessung.

$$h_1(t) = 1 - e^{-t/\tau} \tag{3.66}$$

$h_1(t)$ normierte Sprungantwort (RC-Glied 1. Ordnung)
τ Zeitkonstante

Der Tiefpass 1. Ordnung ist einfach zu handhaben, da z. B. die Zeitkonstante τ einfach aus der Sprungantwort abgelesen werden kann (τ ist in diesem Fall t bei $h(t) = 0,632$). Diese Darstellung bringt aber gerade im Anfangsbereich eine merkliche Abweichung von der gemessenen Sprungantwort mit sich.

Die Abweichung lässt sich durch einen Tiefpass 2. Ordnung minimieren, wie auch später in Kapitel 6.3 noch gezeigt wird. Gleichung 3.67 beschreibt dieses RC-Modell 2. Ordnung. In Gleichung 3.68 wird, mithilfe einer Vorhaltzeitkonstante, eine zusätzliche Verbesserung der Näherung erreicht. Dies kann z. B. sinnvoll sein, wenn eine Wärmeableitung zur anders temperierten

Umgebung nicht vernachlässigt werden kann. Es kann dann häufig nach einem anfänglichen Sprung der Sensortemperatur ein sogenanntes Kriechen in Richtung des Endwerts beobachtet werden [20].

$$h_2(t) = 1 - \frac{\tau_1}{\tau_1 - \tau_2} e^{-t/\tau_1} - \frac{\tau_2}{\tau_2 - \tau_1} e^{-t/\tau_2} \tag{3.67}$$

$h_2(t)$ normierte Sprungantwort (RC-Glied 2. Ordnung)
τ_i Zeitkonstante ($i = 1,2$)

$$h_{2V}(t) = 1 - \frac{\tau_1 - \tau_V}{\tau_1 - \tau_2} e^{-t/\tau_1} - \frac{\tau_2 - \tau_V}{\tau_2 - \tau_1} e^{-t/\tau_2} \tag{3.68}$$

$h_{2V}(t)$ normierte Sprungantwort (RC-Glied 2. Ordnung mit τ_V)
τ_V Vorhaltzeitkonstante

Zur weiteren Verbesserung der Näherung können auch RC-Modelle 3. und höherer Ordnung verwendet werden. Diese berücksichtigen noch weitere thermische Widerstände des Thermometers. Für weitere Informationen hierzu sei an dieser Stelle auf das Handbuch der Technischen Temperaturmessung [20] verwiesen.

3.8 Wärmeverbrauchsmessung

In der Wärmeverbrauchsmessung wird anhand der Differenz zweier gemessener Temperaturen an einem Vor- und einem Rücklauf sowie einem zu messenden Durchfluss die verbrauchte Wärmemenge bestimmt [3]. Geregelt sind Messgeräte zur Wärmeverbrauchsmessung beispielsweise in der Measuring Instruments Directive (MID) [91] der Europäischen Union.

Bei gängigen Wärmemengenzählern ist konstruktionsbedingt an der Einbaustelle für das Thermometer am Rücklauf nur wenig Platz, da die Einbaustelle häufig in den Wärmemengenzähler integriert ist. Das Thermometer kann hier orthogonal, mit geringer Eintauchtiefe, oder tangential zum Querschnitt des Wärmemengenzählers eingebaut werden (siehe Abbildung 3.14 und 3.15). Beide Verfahren führen jedoch zu einer erhöhten Messabweichung. Zudem existieren hohe Anforderungen an die Thermometerpaare und Einbaustellen, wie sie z. B. auch in der DIN EN 1434 [38], den Technischen Richtlinien K8 [98] und K9 [99] sowie der DIN EN 60751 [41] festgelegt sind.

Abbildung 3.14: Wärmemengenzähler mit tangentialer Einbaustelle für ein Thermometer.

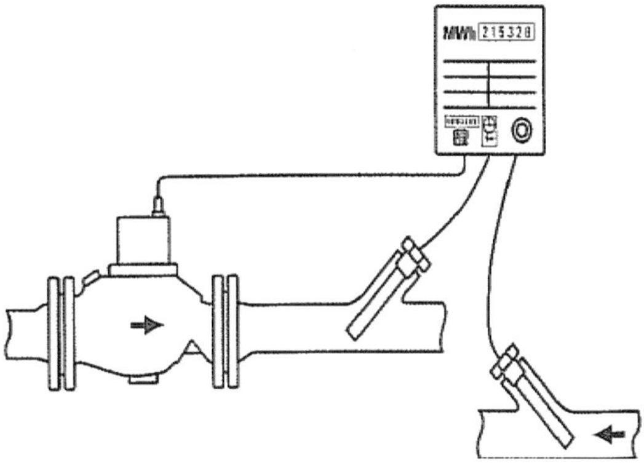

Abbildung 3.15: Schematische Darstellung eines Wärmemengenzählers mit je einer Temperaturmessstelle für Vor- und Rücklauf sowie einem Volumenmessteil [5]. Der Wärmemengenzähler sitzt, wegen der niedrigeren Temperaturen, in der Regel am Rücklauf.

Die verbrauchte Wärmemenge kann mithilfe von Gleichung 3.69 ermittelt werden [3].

$$Q = \int \dot{Q}(t)\,dt \tag{3.69}$$

Q verbrauchte Wärmemenge
$\dot{Q}$ Wärmeleistung

$$\dot{Q} = \dot{V} \rho c_p (T_V - T_R) \tag{3.70}$$

$\dot{V}$ Durchfluss
T_V Temperatur am Vorlauf
T_R Temperatur am Rücklauf

3.9 Die Methode der finiten Elemente

Die Entwicklung neuer Thermometer erfordert das Konstruieren, Testen und Weiterentwickeln unzähliger Prototypen [113]. Eine Reduzierung der nötigen Prototypen ermöglicht die FEM. Dies spart Zeit und Kosten. Mit der FEM können die Auswirkungen von Änderungen an der Konstruktion besser abgeschätzt werden. Dabei kommt sie mit weniger Vereinfachungen als Modellrechnungen aus und kann auch komplexe Geometrien gut lösen [52]. Neben numerischen Verfahren stehen zur Lösung der Probleme auch analytische Verfahren zur Verfügung. Dabei wird die analytische Lösung meist als exakte Lösung bezeichnet. Allerdings ist auch bei der analytischen Lösung nur der Schritt von der Differentialgleichung zur Lösung exakt, da zum Aufstellen der Differentialgleichungen bereits vielfach idealisiert werden muss. Mit Modellgleichungen lässt sich jedoch einfach inter- und extrapolieren. Bei der FEM muss bei jeder Änderung von Materialeigenschaften, Anfangs- oder Randbedingungen eine neue Berechnung durchgeführt werden. Mit den so ermittelten Datenpunkten kann anschließend inter- und extrapoliert werden.

Aus den durch FEM-Simulation gewonnenen Daten können beispielsweise Ansprechverhalten und Wärmeableitfehler eines Thermometers in Abhängigkeit von Geometrie, Materialdaten und Einsatzbedingungen bestimmt werden. Jedoch sind die durch FEM-Simulation erzielten Ergebnisse genau zu beobachten. Es kann, ausgehend von falschen Annahmen, schnell zu großen Abweichungen kommen, die falsche Schlussfolgerungen zur Folge haben. Zudem ist bereits die FEM selbst ein Näherungsverfahren und keine exakte Lösung der Problemstellung. Auch der Literatur entnehmbare Stoffdaten sind meist nur als grobe Richtwerte anzusehen und Wärmeübergangskoeffizienten können oft nur abgeschätzt werden [20].

Die FEM ist ein numerisches Verfahren [48]. Das Prinzip der FEM ist es, einen Körper zu diskretisieren, bzw. in eine endliche Anzahl Elemente zu zerlegen. Räumliche Elementtypen können Tetraeder (4 Knoten), Pentaeder (6 Knoten) oder Hexaeder (8 Knoten) sein, welche je 3 Freiheitsgrade je Knoten haben [110]. Innerhalb dieser Elemente werden nun Ansatzfunktionen definiert, welche in eine zu lösende Differentialgleichung eingesetzt werden. Zusammen mit festzulegenden Anfangs- und Randbedingungen, kann die Problemstellung nun numerisch gelöst werden. Eine prinzipielle Vorgehensweise zur FEM ist in Abbildung 3.16 beschrieben.

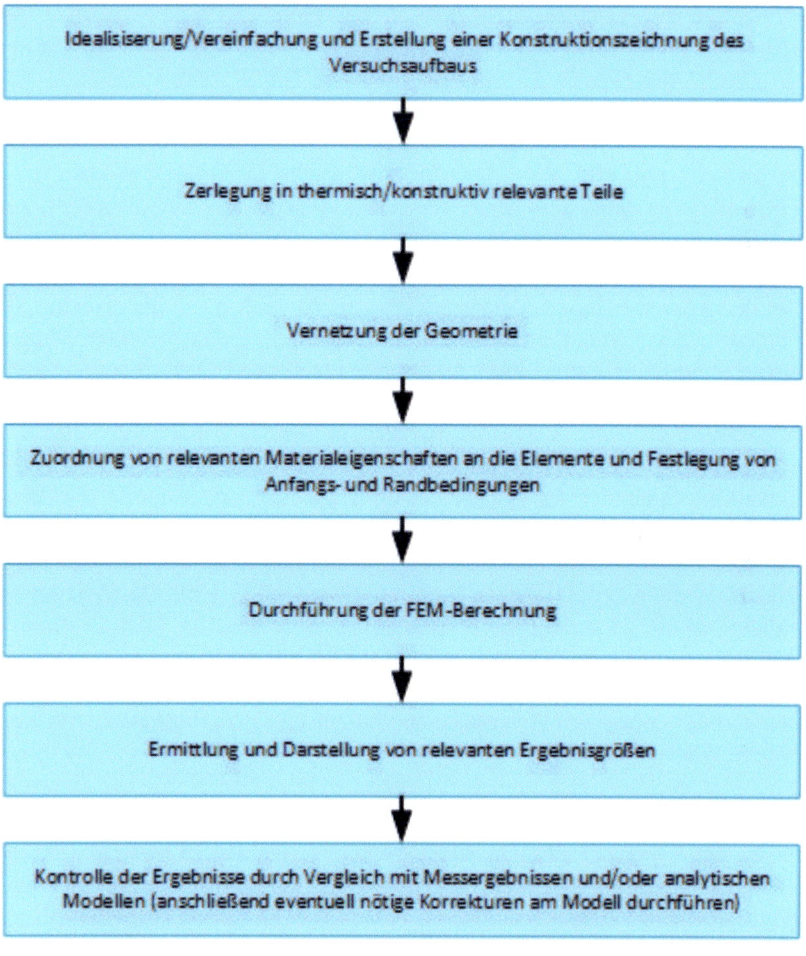

Abbildung 3.16: Prinzipieller Ablauf einer FEM-Berechnung.

3.10 Wärmeleitfähige Kunststoffe

Kunststoffe sind keine guten Wärmeleiter (sie haben in der Regel eine Wärmeleitfähigkeit von etwa 0,2 W/(mK)), können aber durch die Zugabe von Füllstoffen bzw. Additiven in ihren Eigenschaften beeinflusst werden. So können beispielsweise Kunststoffe entstehen, die gut wärmeleitend und dabei gleichzeitig elektrisch isolierend sind [55]. Die Wärmeleitfähigkeit lässt sich dabei durch die Zugabe von Metallen, Metalloxiden oder Keramiken beeinflussen [45] [55]. Die Kombination von Kunststoff, dem sogenannten Matrixmaterial, und Füllstoffen bzw. Additiven wird Compound genannt [42]. Ein Additiv ist dabei dem Matrixmaterial, im Gegensatz zu Füllstoffen, nur in geringen Mengen beigefügt.

Bei der Auswahl eines geeigneten Füllstoffs ist auch die Mikrostruktur der Füllstoffpartikel von Bedeutung. Hier ist besonders das Aspektverhältnis, also das Verhältnis von Länge zu Durchmesser, der Füllstoffgeometrie interessant. Beispielsweise hat eine kugelförmige Geometrie demzufolge ein Aspektverhältnis von 1. Die Wärmeleitfähigkeit des Compounds wird vor allem durch die Wärmeleitfähigkeit des Matrixmaterials, die Wärmeleitfähigkeit des Füllstoffs, das Aspektverhältnis der Füllstoffgeometrie, die Partikelgröße des Füllstoffs und den Füllgrad bestimmt [55]. Es ist jedoch auch der Produktionsprozess durch den verwendeten Füllstoff betroffen, da auch Viskosität und Abkühlverhalten beeinflusst werden [55] [79]. Das Aspektverhältnis beeinflusst zudem die mechanischen Eigenschaften [79]. Ein hohes Aspektverhältnis kann auch eine anisotrope Wärmeleitfähigkeit verursachen. Durch das Spritzgießverfahren können die Füllstoffpartikel ausgerichtet werden und das entstandene Objekt besitzt im Anschluss in diese Richtung eine höhere Wärmeleitfähigkeit.

Ist eine isotrope Wärmeleitfähigkeit gewünscht, sollte daher ein Füllstoff mit niedrigem Aspektverhältnis gewählt werden. C. Heinle hat hier gute Ergebnisse mit Aluminiumoxid erzielt [55]. Aluminiumoxid ist jedoch hygroskopisch, was beim Einsatz in flüssigen Medien zu zusätzlichen Problemen führt. Bornitrid ist daher, trotz hoher anisotroper Wärmeleitfähigkeit [55], beim Einsatz in flüssigen Medien der geeignetere Füllstoff zur Verbesserung der Wärmeleitfähigkeit.

3.11 Messunsicherheiten

Die Behandlung von Messunsicherheiten ist Thema des Guide to the Expression of Uncertainty in Measurement (GUM) [68]. Ein gemessener Wert ist immer mit einer Unsicherheit behaftet, die sich aus systematischen und zufälligen Messabweichungen zusammensetzt. Daher wird zu einem Messwert in der Regel auch ein auf der Messunsicherheit basierendes Vertrauensintervall, das sogenannte Konfidenzintervall, mit angegeben. Um die Unsicherheit des Schätzwerts klein zu halten, kann eine Mehrfachmessung durchgeführt werden. Der geschätzte wahre Wert ergibt sich dann nach Gleichung 3.71.

$$\bar{x} = \frac{1}{n}\sum_{i=1}^{n} x_i \tag{3.71}$$

$\bar{x}$ Mittelwert / Schätzwert
x_i i-ter Messwert

Streubreiten von Messwerten können zum einen basierend auf theoretischen Überlegungen ermittelt werden. Dabei wird in der Regel von einer Rechteckverteilung ausgegangen. Andererseits können Streubreiten aber auch durch Messwiederholung ermittelt werden, was für kombinierte Standardunsicherheiten z. B. auch mithilfe von computergestützten Zufallsexperimenten möglich ist (siehe hierzu z. B. [92]). Hier wird im Allgemeinen von einer Normalverteilung ausgegangen. Die Streuung für den einzelnen Messwert wird gerne in Form der Standardabweichung σ angegeben. Dabei entspricht z. B. 2σ, eine Normalverteilung vorausgesetzt, dem häufig verwendeten Konfidenzintervall von 95,45 %. Die Standardabweichung σ ergibt sich aus Gleichung 3.72.

$$\sigma = \sqrt{\frac{1}{n}\sum_{i=1}^{n}(x_i - \bar{x})^2} \tag{3.72}$$

Nun ist die Standardabweichung aber kein guter Schätzer für die Standardabweichung der Population, wenn lediglich eine Stichprobe vorliegt. Gerade bei kleinen Stichproben entsteht eine systematische Abweichung zur Standardabweichung der Population. Im Allgemeinen ist aber gerade diese von Interesse. Bei der Ermittlung der Standardabweichung für normalverteilte Messwerte wird daher, bei weniger als 30 Messwerten, häufig von $n-1$ Freiheitsgraden ausgegangen [32]. In diesem Fall gilt für die Berechnung der Standardabweichung Gleichung 3.73.

$$\widetilde{\sigma} = \sqrt{\frac{1}{n-1}\sum_{i=1}^{n}(x_i-\overline{x})^2} \tag{3.73}$$

$\widetilde{\sigma}$ Standardabweichung bei $n-1$ Freiheitsgraden

Zur Vereinfachung im Umgang mit Messunsicherheiten bietet der GUM [68] einen sogenannten k-Faktor k an. Dieser ist abhängig von der vorliegenden Wahrscheinlichkeitsverteilung, dem gewählten Konfidenzintervall und der Anzahl der Messwerte. Durch Multiplikation des k-Faktors mit der Standardabweichung entsteht die erweiterte Messunsicherheit U. Diese gibt das Intervall $\overline{x} \pm U$ an, innerhalb dessen der wahre Messwert mit der gewählten Wahrscheinlichkeit liegt. Für unendlich viele normalverteilte Messwerte und ein Konfidenzintervall von 95,45 % wäre beispielsweise $k = 2$.

$$U = k \cdot \sigma \tag{3.74}$$

4 Experimentelle Bestimmung von Thermometerkennwerten

4.1 Experimentelle Bestimmung des Wärmeableitfehlers von Berührungsthermometern

Um Berührungsthermometer hinsichtlich Wärmeableitungsverhalten vergleichen zu können, kann die Mindesteintauchtiefe ermittelt werden. Diese beschreibt die Eintauchtiefe in das zu messende Medium, die mindestens benötigt wird, um eine zulässige Abweichung durch Wärmeableitung nicht zu überschreiten.

Einen Versuchsaufbau zur messtechnischen Bestimmung des Wärmeableitfehlers bzw. der Mindesteintauchtiefe eines Berührungsthermometers nach DIN EN 60751 [41] zeigt Abbildung 4.1. Der Prüfling wird dabei zunächst kalibriert, indem er voll eingetaucht wird und die gemessene Temperatur mit einer Referenztemperatur verglichen wird. Anschließend wird er eine festgelegte Eintauchtiefe z in ein auf 85 °C geheiztes und gerührtes Wasserbad getaucht (Abbildung 4.2). Die gemessene Temperatur wird nun wieder mit der Referenztemperatur verglichen. Dabei wird die Eintauchtiefe über eine Markierung am Thermometer festgestellt. Der Wärmeableitfehler ΔT ergibt sich somit durch

$$\Delta T = T_{\text{ist}} - T_{\text{Ref}}. \tag{4.1}$$

T_{ist} mit dem Prüfling gemessene Temperatur
T_{Ref} Referenztemperatur

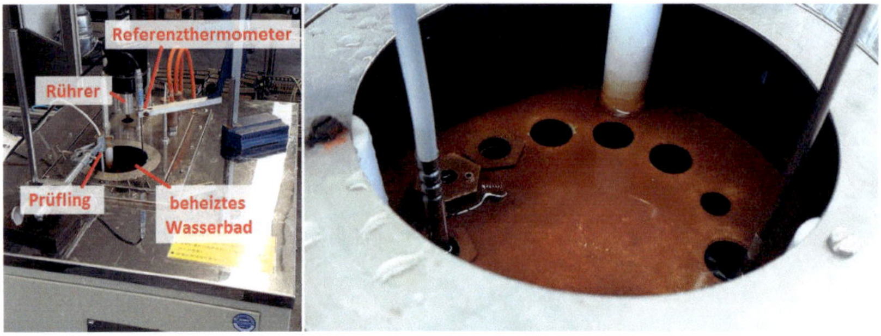

Abbildung 4.1: Von links: Versuchsaufbau zum Messen des Wärmeableitfehlers bei der JUMO GmbH & Co. KG, Nahansicht des Versuchsaufbaus zum Messen des Wärmeableitfehlers.

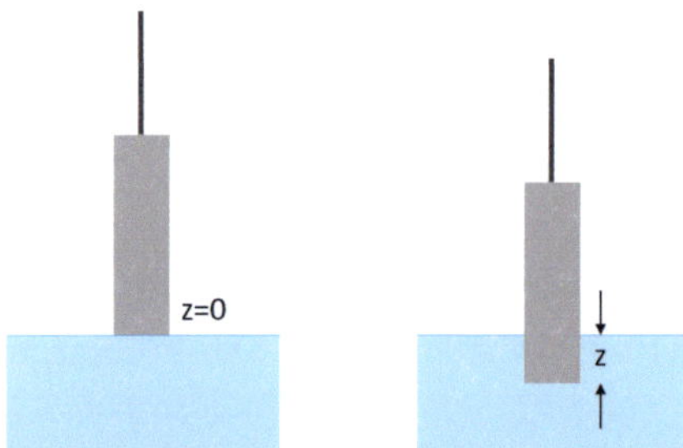

Abbildung 4.2: Schematische Darstellung des Eintauchvorgangs eines Thermometers mit der Eintauchtiefe z.

Für die Laborräume, in denen die Untersuchungen durchgeführt werden, besteht die Möglichkeit der Klimatisierung. Dies ist jedoch mit zufälligen Ungenauigkeiten behaftet, beispielsweise durch das Öffnen einer Tür. Die Umgebungstemperatur T_U wird dabei auf etwa 20 °C geregelt. Zur Messung des elektrischen Widerstands wird ein Agilent HP 3458A [6] verwendet. Die Messunsicherheit für die Bestimmung des Wärmeableitfehlers liegt dabei bei $\pm 42\,\text{mK}$ ($k = 2$) [49]. Diese Messunsicherheit vergrößert sich jedoch bedeutend, wenn der Prüfling weniger als 15 mm in das Medium eintaucht. Hier bewirken Wasserdampf und Wellenbildung sowie Inhomogenitäten der Temperaturverteilung an der Wasseroberfläche höhere Messunsicherheiten.

4.2 Asymmetriemessungen

Bei der Ermittlung der verbrauchten Wärmemenge wird durch die Differenzbildung zweier Temperaturen eine Messabweichung teilweise aufgehoben. In der Praxis werden daher Thermometerpaare für Vor- und Rücklauf gebildet, die diesbezüglich gut zueinander passen. Es entstehen jedoch durch zum Teil unterschiedliche Einbaustellen an Vor- und Rücklauf unterschiedlich große Messabweichungen durch Wärmeableitung. Dies wirkt sich bei der Differenzbildung in Form einer Abweichung aus. Beispiele für solche Varianten bei Einbaustellen sind z. B. tangentiale Einbaustellen am Wärmemengenzähler (siehe Abbildung 3.14) oder der Einsatz von Tauchhülsen. Zum Teil können die Messabweichungen an Vor- und Rücklauf so auch aneinander angeglichen werden, indem z. B. bei einer tangentialen Einbaustelle am Wärmemengenzähler, Tauchhülsen am Vorlauf eingesetzt werden. Jedoch schränkt die MID [91] den Einsatz von Tauchhülsen zukünftig ein.

Experimentell lässt sich der unterschiedliche Wärmeableitfehler eines Thermometerpaares z. B. mit dem in Abbildung 4.3 und 4.4 dargestellten Strömungskanal untersuchen. Mit ihm kann ein Thermometer unter unterschiedlichen Einbaubedingungen in Wasser und Wasser-Glykol-Gemischen bei einer Temperatur von etwa 20 °C bis 85 °C untersucht werden. Mithilfe des Thermostatbads kann die gewünschte Temperatur und über das Nadelventil kann mithilfe eines magnetisch-induktiven Durchflussmessers (MID) ein definierter Durchfluss eingestellt werden. Es wird zwischen zwei gemessenen Referenztemperaturen auf der Messstrecke eine Referenztemperatur linear interpoliert. Auf dieser Messstrecke ist der Prüfling eingebaut. Der Wärmeableitfehler berechnet sich nun nach Gleichung 4.2. Die Aufnahme der Messwerte geschieht mit mit einem Agilent 34970A Multimeter [7].

$$\Delta T = T_{\text{ist}} - T_{\text{Ref}} \tag{4.2}$$

ΔT	Wärmeableitfehler
T_{ist}	mit dem Prüfling gemessene Temperatur
T_{Ref}	interpolierte Referenztemperatur

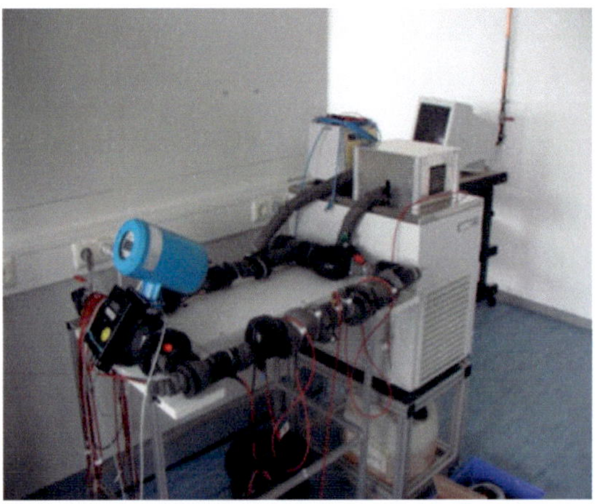

Abbildung 4.3: Aufbau des Strömungskanals zur Messung des Wärmeableitfehlers bei der JUMO GmbH & Co. KG.

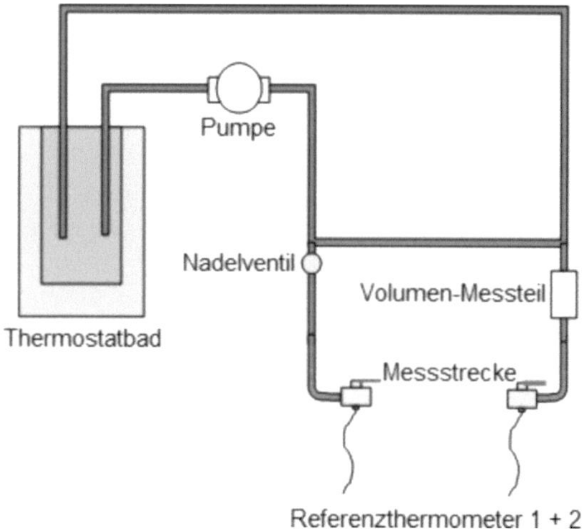

Abbildung 4.4: Schematischer Aufbau des in Abbildung 4.3 gezeigten Strömungskanals.

Die Umgebungstemperatur wird in dem Laborraum, in dem der Strömungskanal steht, auf etwa 20 °C geregelt. Die Reproduzierbarkeit der mit dem Strömungskanal gemachten Messungen kann Tabelle 4.1 entnommen werden.

Durchfluss	**2σ**
15 l/h	159 mK
30 l/h	107 mK
60 l/h	92 mK
120 l/h	23 mK
300 l/h	22 mK

Tabelle 4.1: Reproduzierbarkeit der Wärmeableitfehlermessung mit dem Strömungskanal aus Abbildung 4.3 bei einer Temperatur des Mediums von 65 °C [103].

4.3 Experimentelle Bestimmung des Ansprechverhaltens von Berührungsthermometern

Zur Vergleichbarkeit des Ansprechverhaltens von Berührungsthermometern gibt es genormte Verfahren zur Ermittlung von Ansprechzeiten. So können Ansprechzeiten der Form t_x ermittelt werden, die die benötige Zeit darstellen, bis der Anteil x der Temperaturdifferenz von Medium und Umgebung angezeigt wird. Übliche Werte sind hier $t_{0,5}$, $t_{0,63}$ und $t_{0,9}$.

Abbildung 4.5 zeigt den zur Bestimmung der thermischen Ansprechzeiten in Wasser verwendeten Versuchsaufbau. Der Prüfling wird dabei plötzlich in ein gerührtes (Strömungsgeschwindigkeit $v = 0{,}2\,\mathrm{m/s}$) und beheiztes Wasserbad getaucht. In Anlehnung an VDI/VDE 3522 [119] wird ein Temperatursprung von Raumtemperatur um etwa 15 K durchgeführt. Die Messung wird dabei ausgelöst, indem der Prüfling beim Eintauchen in das Wasserbad einen Schalter betätigt. Beendet wird die Messung programmgesteuert, wenn sich der Messwert nach dem Temperatursprung stabilisiert hat. Der elektrische Widerstand wird mithilfe eines Agilent HP 3458A [6] gemessen. Vor der Ermittlung der Sprungantwort wird aus dem elektrischen Widerstand die Temperatur berechnet, da es sonst durch unterschiedliche Empfindlichkeiten zu Ungenauigkeiten kommen kann. Zur Berechnung eines Zeitprozentwerts werden zunächst die beiden Messwerte ermittelt zwischen denen der gesuchte Zeitprozentwert liegt. Zwischen diesen beiden Messwerten wird im Anschluss durch lineare Interpolation der gesuchte Zeitprozentwert berechnet [24]. Die Messunsicherheit für die Bestimmung der Ansprechzeit liegt für $t_{0,5}$ bei $\pm 0{,}20\,\mathrm{s}$, für $t_{0,63}$ bei $\pm 0{,}20\,\mathrm{s}$ und für $t_{0,9}$ bei $\pm 0{,}34\,\mathrm{s}$ ($k = 2$) [24].

Häufig werden auch Ansprechzeiten bei einem negativen Temperatursprung in Luft ermittelt. Für die Untersuchungen dieser Arbeit bezüglich der Wärmeverbrauchsmessung in flüssigen Medien ist dies jedoch von untergeordneter Bedeutung.

Abbildung 4.5: Versuchsaufbau zur Bestimmung der Ansprechzeit in Wasser bei der JUMO GmbH & Co. KG.

4.4 Bestimmung des Ansprechverhaltens von Widerstandsthermometern im eingebauten Zustand

In einer Rohrleitung ändert sich die Temperatur beim Ändern der Wassertemperatur nicht plötzlich. Hin zur Rohrwand ist die Temperatur geringer als in der Rohrmitte und es kommt zu einem Wärmeaustausch mit der Rohrwand. Zur Analyse des dynamischen Verhaltens eines Thermometers in einer Rohrleitung kann der in den Abbildungen 4.6 und 4.7 dargestellte Versuchsaufbau verwendet werden. Es kann zwischen zwei Reservoirs umgeschaltet und ein definierter Durchfluss eingestellt werden. In den Reservoirs befindet sich unterschiedlich temperiertes Wasser. Somit wird durch das Umschalten ein Temperatursprung im Strömungskanal ausgelöst. Die in Abbildung 4.6 dargestellte Spannungsquelle und der Spannungsteiler werden für einen LCSR-Test benötigt, der in Kapitel 4.6 näher beschrieben ist.

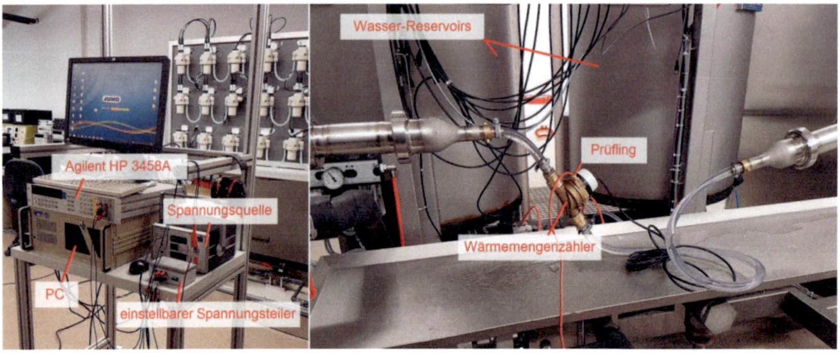

Abbildung 4.6: Strömungskanal zur Untersuchung des dynamischen Verhaltens von Thermometern.

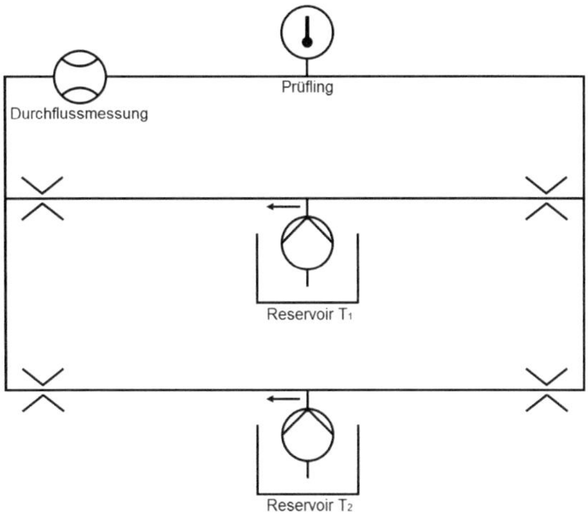

Abbildung 4.7: Schematische Darstellung des Strömungskanals.

Zur Messung des elektrischen Widerstands wird ein Agilent HP 3458A [6] verwendet. In dem Laborraum, in dem der Versuchsaufbau steht, wird die Umgebungstemperatur auf etwa 20 °C geregelt. Die Ansprechzeiten können mit einer Messunsicherheit von ±0,2 s ($k = 2$) ermittelt werden [31].

4.5 Prüfeinrichtung zur Untersuchung von Widerstandsthermometern unter Einbaubedingungen

Um Berührungsthermometer hinsichtlich Wärmeableitfehler und Ansprechzeit miteinander vergleichen zu können, existieren unterschiedliche Prüfeinrichtungen, wie sie beispielsweise in der VDI/VDE 3522 [119], der DIN EN 60751 [41] sowie von W. Nitsche und A. Brunn [90] beschrieben werden. Diese Prüfeinrichtungen vergleichen die Thermometer jedoch unter genormten Bedingungen, die in der Regel wenig mit den Bedingungen im Einsatz zu tun haben.

Für einen Vergleich von Berührungsthermometern für den Bereich der Wärmeverbrauchsmessung unter Einsatzbedingungen scheint ein Strömungskanal sinnvoll. Mit diesem können die Bedingungen in der Praxis simuliert werden. Der Aufbau eines Wasserkanals wird beispielsweise von P. Scholz, S. Sattler und D. Wulff [105] beschrieben. Für den Bereich der Wärmeverbrauchsmessung wurde eine eigens entwickelte Prüfeinrichtung (siehe Abbildung 4.8) konzipiert, aufgebaut und validiert.

4.5.1 Konstruktion

Die Prüfeinrichtung ist als Strömungskanal konzipiert. Die gesamte Konstruktion steht auf fixierbaren Rollen, um sie bewegen zu können. Als Medium können in dem Strömungskanal Wasser sowie Wasser-Glykol-Gemische eingesetzt werden. Abbildung 4.9 zeigt den schematischen Aufbau des Strömungskanals. Die CAD-Konstruktion (Computer-Aided Design) ist in Abbildung 4.10 dargestellt. Die beiden Bäder [71] haben ein Fassungsvermögen von jeweils ca. 30 l. Der Strömungskanal wird bei Temperaturen zwischen 20 °C und 85 °C betrieben. Dabei haben die Bäder eine Messunsicherheit beim Regeln der Temperatur von ±0,03 K. Für den Durchfluss in den beiden Messstrecken kann jeweils von 15 l/h bis zu 300 l/h gewählt werden. Der Durchfluss wird dabei über Kreiselpumpen in den Bädern erzeugt und über die stetig einstellbaren Ventile [69] [70] eingestellt (siehe [51]).

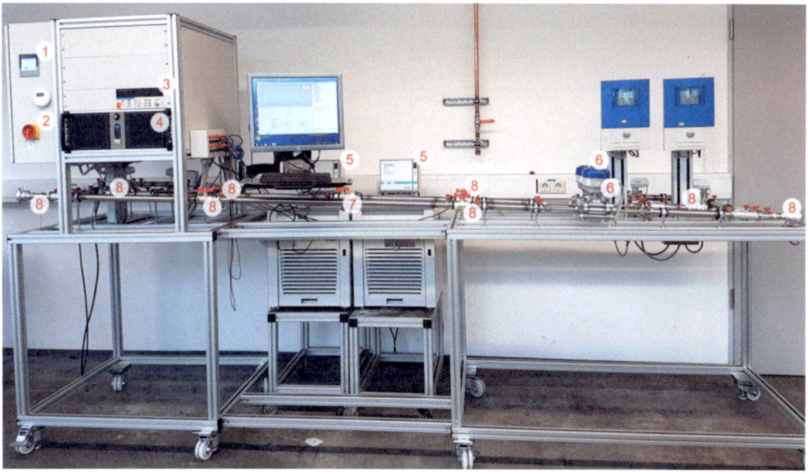

Abbildung 4.8: Prüfeinrichtung zur Untersuchung von Widerstandsthermometern unter Einbaubedingungen. 1. Regler; 2. Hauptschalter; 3. Multimeter; 4. PC; 5. temperiertes Bad; 6. Durchflussmessgerät; 7. Prüfling; 8. Referenzthermometer.

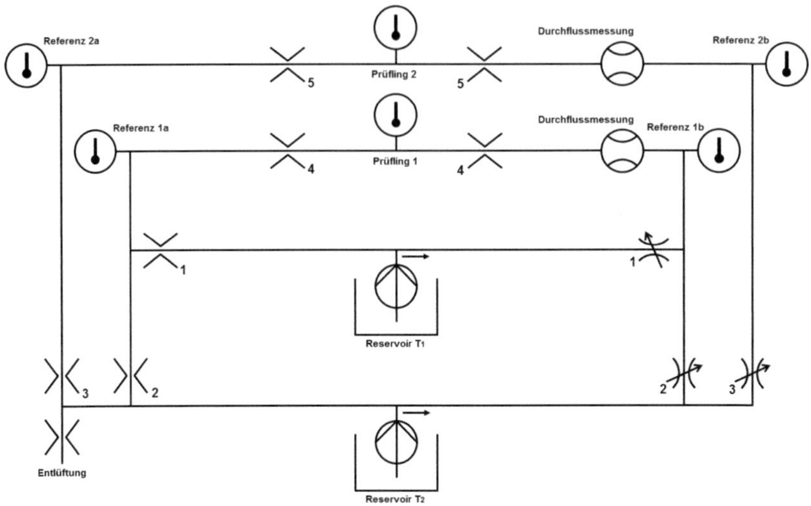

Abbildung 4.9: Schematischer Aufbau des Strömungskanals mit zwei Messstrecken. Dargestellt sind die Prüflinge, die Referenzthermometer, die Ventile zur Einstellung des Volumenstroms und die Ventile zur Konfiguration der unterschiedlichen Untersuchungsoptionen (Nr. 1 bis 3), die Ventile zum Austauschen der Messstrecken (Nr. 4 und 5), ein Ventil zur Entlüftung, die Volumenstromsensoren sowie die Wasserreservoirs.

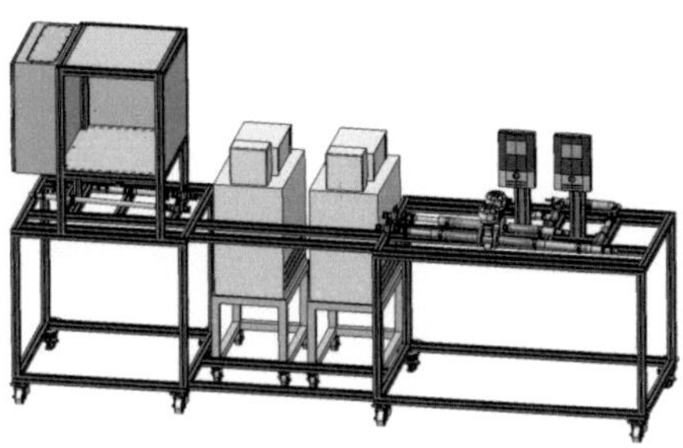

Abbildung 4.10: Aufbau des Strömungskanals (CAD).

Der Strömungskanal kann durch das Öffnen und Schließen bestimmter Ventile für unterschiedliche, in Kapitel 4.5.6 beschriebene, Untersuchungen konfiguriert werden. Die beiden Messstrecken können ausgetauscht werden. Hierfür können die Ventile mit der Nr. 4 bzw. Nr. 5 (Abbildung 4.9) geschlossen werden, um das Auslaufen von Wasser möglichst zu vermeiden. So sind unterschiedliche Einbaubedingungen und Rohrdurchmesser innerhalb der Messstrecken realisierbar. Hier sind Rohrdurchmesser von 0,5” bis 2” möglich. Der Rohrdurchmesser der restlichen Kanalstrecke beträgt 1”. Der Einbau einer Messstrecke in den Strömungskanal geschieht über ein Kleinflansch-Verbindungssystem [39] (siehe Abbildung 4.11). Das Kleinflansch-Verbindungssystem bietet den Vorteil, dass Armaturen mit diesem System sehr einfach und ohne zusätzliches Werkzeug austauschbar sind. Zudem ist mit dem System die Abdichtung der Verbindungsstellen ohne zusätzlichen Aufwand möglich. Geringfügige Ungenauigkeiten der Abmessungen einer Messstrecke werden durch einen kurzen flexiblen Rohrabschnitt innerhalb der beiden Messkreise ausgeglichen.

Abbildung 4.11: Darstellung einer Kleinflanschverbindung.

Vor den Messstrecken wird jeweils der Durchfluss mithilfe eines MIDs [80] ermittelt. Hier wurde sich für MIDs zur Durchflussbestimmung entschieden, da diese Technologie eine geringe Messabweichung und hohe Langzeitstabilität gewährleistet, was auch bei Verunreinigungen des Mediums noch gegeben ist. Zudem ist das Messprinzip weitgehend unabhängig von Temperatur, Viskosität, Dichte und Druck [47]. Bei der Auswahl des Messprinzips wurde ein Vergleich zwischen MID und Ultraschall durchgeführt, der klar für das MID-Prinzip spricht. Der Vergleich ist in Form einer Entscheidungsmatrix in Tabelle 4.2 dargestellt. Verglichen wurde anhand folgender Kriterien:

- **Kosten:** Anschaffungs- und Betriebskosten.
- **Einsatzbereich:** Temperatur- und Geschwindigkeitsbereich, Sensibilität gegenüber Verunreinigungen des Mediums, Abhängigkeit von Viskosität, Dichte und Druck sowie Bedingungen des Messprinzips.
- **Messabweichung:** Abweichung der Messungen vom Referenzwert.
- **Langzeitstabilität:** Stabilität der Messabweichung über die Zeit / Nachkalibrierungsrhythmus.

Jedes Kriterium wurde von 1 bis 3 gewichtet. Im Vordergrund standen hier Einsatzbereich und Messabweichung. Den Messprinzipien wurden in jedem Kriterium 0 bis 2 Punkte vergeben. Durch Multiplikation der vergebenen Punkte mit der Wichtung ist so für jedes Kriterium eine Bewertung entstanden. Die Gesamtwertung eines Messprinzips ist durch die Aufsummierung aller Einzelbewertungen entstanden.

Kriterium	**Wichtung**	**MID**		**Ultraschall**	
		Punkte	**Bewertung**	**Punkte**	**Bewertung**
Kosten	1	1	1	1	1
Einsatzbereich	3	1	3	1	3
Messabweichung	3	2	6	1	3
Langzeitstabilität	2	2	4	1	2
Summe			**14**		**9**

Tabelle 4.2: Entscheidungsmatrix zur Auswahl eines Messprinzips für die Durchflussmessung.

Vor und hinter den Messstrecken sowie den MIDs sind, in Anlehnung an H. Sigloch [108], Beruhigungsstrecken mit einer Länge des 10-fachen Rohrinnendurchmesser vorhanden, um für eine gut ausgebildete Strömung zu sorgen.

Die beiden Referenztemperaturen einer Messstrecke werden mithilfe von, an den beiden Enden der Messstreckenbereiche, entlang der Längsachse des Rohres eintauchenden, Thermometern ermittelt. Alternativ können jedoch auch an beiden Enden der Messstrecken orthogonal in das Rohr eintauchende Referenzthermometer angebracht werden. Es werden Pt1000-Sensoren verwendet, um eine hohe Empfindlichkeit zu realisieren.

Es ist zudem eine Entlüftung des Strömungskanals möglich (siehe Abbildung 4.9), um Messabweichungen durch Lufteinschlüsse zu vermeiden. Dies geschieht über ein dafür vorgesehenes Ventil, welches etwas erhöht zum Rest des Strömungskanals liegt.

4.5.2 Systementwurf

Abbildung 4.12 zeigt den Aufbau des Systems als Blockschaltbild. Die Bedienung erfolgt über einen PC mit einer hierfür entworfenen Software. Über den DICON touch Regler [74] kann, mithilfe der MIDs und der stetig einstellbaren Ventile, jeweils der Durchfluss geregelt werden. Die übrigen Ventile und die Pumpen werden über eine BK9000 [16] angesteuert. Die Messung der elektrischen Widerstände, zur Ermittlung der Temperaturwerte, geschieht mithilfe eines Agilent 34970A Multimeters [7]. Es wird dabei generell eine 4-Leitermessung durchgeführt, um die Messabweichung möglichst gering zu halten.

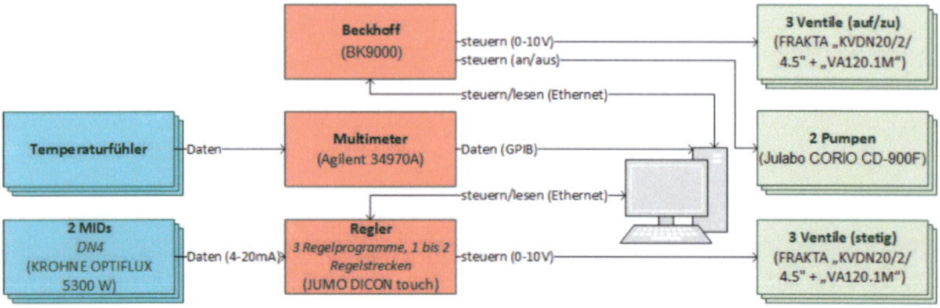

Abbildung 4.12: Blockschaltbild des Strömungskanals. Sensoren sind blau, Geräte sind rot und Aktoren sind grün dargestellt.

4.5.3 Auslegung der Pumpen

Die theoretische Auslegung der Pumpen kann Abbildung 4.13 entnommen werden. Für beide Pumpen kann von den gleichen Bedingungen ausgegangen werden. Die für die Auslegung benötigten Widerstandsbeiwerte wurden nach H. Sigloch [108] berechnet. Zur Abschätzung des Druckverlusts in den einzelnen Rohrabschnitten muss zunächst der Strömungszustand in diesen ermittelt werden. Es gilt ungefähr für $Re > 2300$ ein turbulenter Strömungszustand, andernfalls wird ein laminarer Strömungszustand angenommen. Dabei können auf einer Messstrecke Reynoldszahlen von 120 bis zu 25000 auftreten. Eine Übersicht vorkommender Reynoldszahlen bei einem Rohrdurchmesser von 1" kann Tabelle 4.4 auf Seite 86 entnommen werden. Der Druckverlust kann nun mithilfe der Gleichungen 4.3 und 4.4 ermittelt werden.

$$\Delta p_{\mathrm{L,t}} = \frac{0,3164}{Re^{0,25}} \frac{\rho l v^2}{2 d_{\mathrm{i}}} \tag{4.3}$$

$\Delta p_{\mathrm{L,t}}$ Druckverlust in Rohrleitung bei turbulenter Strömung
l Länge des Rohrabschnitts
v Strömungsgeschwindigkeit
d_{i} Rohrinnendurchmesser

$$\Delta p_{\mathrm{L,l}} = \frac{64}{Re}\frac{\rho l v^2}{2d_{\mathrm{i}}} \tag{4.4}$$

$\Delta p_{\mathrm{L,l}}$ Druckverlust in Rohrleitung bei laminarer Strömung

Der Druckverlust durch spezielle Bauteile ergibt sich mit

$$\Delta p_{\mathrm{B}} = \frac{\rho v^2 \zeta}{2}. \tag{4.5}$$

Δp_{B} Druckverlust durch Bauteil
ζ Widerstandsbeiwert

Nun kann die Summe der Druckverluste Δp_{ges} gebildet werden. Der Einfluss durch Höhenunterschiede kann dabei vernachlässigt werden, da das gesamte System in etwa auf gleicher Höhe liegt.

$$\boxed{\Delta p_{\mathrm{ges}} = \sum_{i=1}^{n} \Delta p_i \leq 0{,}15\,\mathrm{bar}} \tag{4.6}$$

Δp_i Druckverlust i

Die maximal vorkommende Strömungsgeschwindigkeit v_{max} ergibt sich nun aus Gleichung 4.7.

$$v_{\max} = \frac{Q_{\max}}{A_{\min}} \approx 0{,}7\,\mathrm{m/s} \tag{4.7}$$

$Q_{\max}$ maximal vorkommende Durchflussrate
$A_{\min}$ minimal vorkommende Rohrquerschnittfläche

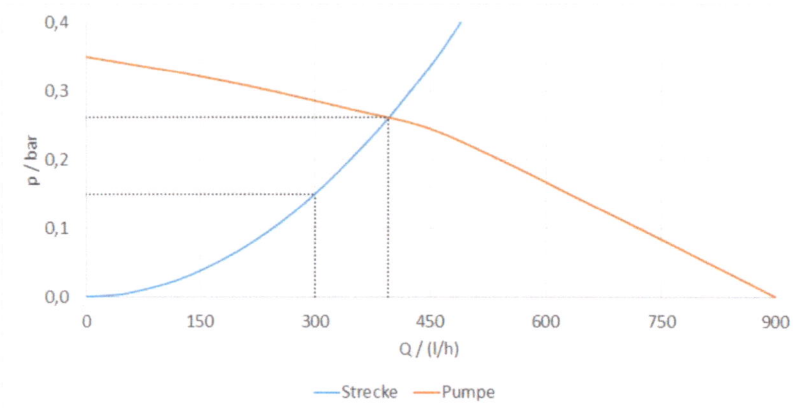

Abbildung 4.13: Auslegung der Pumpen für den Strömungskanal. Markiert ist ein Durchfluss von 300 l/h, der erreicht werden muss und der Arbeitspunkt bei voll geöffneten Ventilen (Schnittpunkt der Kennlinien). Die Kennlinie der Pumpe wurde dem Datenblatt [71] entnommen.

Die korrekte Auslegung der Pumpen kann in Abbildung 4.14 abgelesen werden. Es ist zu erkennen, dass sich der Durchfluss bei voll geöffneten Ventilen etwa wie vorhergesagt einstellt. Auffällig ist jedoch die benötigte Zeit, bis dieser Durchfluss erreicht wird. Für die Bestimmung von Thermometer-Sprungantworten ist dies jedoch unproblematisch, da sich der benötigte Durchfluss bis zum Eintreffen des Temperatursprungs am Prüfling eingestellt hat.

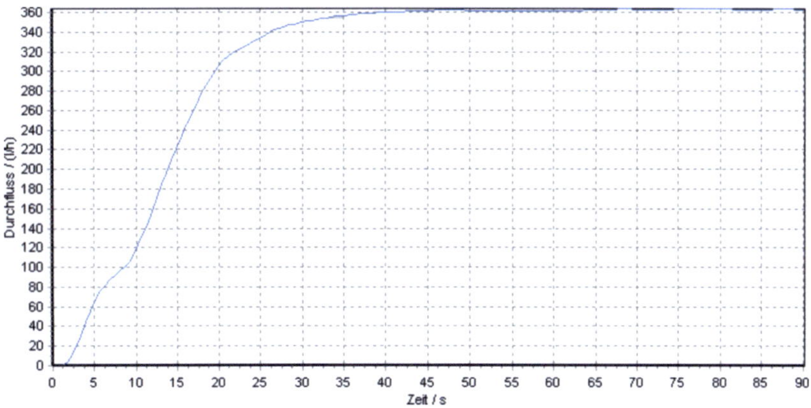

Abbildung 4.14: Sprungantwort des Strömungskanals beim Öffnen des Ventils (Durchfluss).

4.5.4 Auslegung der Regelung

Zur Regelung eines Systems existieren vielerlei Methoden. Neben der analytischen Modellbildung, zum Teil auch mit Beobachter-Systemen, existieren auch auf künstlicher Intelligenz basierende Verfahren. Vergleichsweise robust sind P-, I-, PI-, PD- oder PID-Regler. Für sie existieren auch Faustformel-Verfahren, z. B. nach Ziegler und Nichols oder nach Chien, Hrones und Reswick [46] [84]. Daneben besteht aber auch die Möglichkeit einer empirischen Vorgehensweise.

Zur Regelung des Durchflusses wurde sich im vorliegenden Fall für einen I-Regler entschieden. Es handelt sich bei dem zu regelnden System um ein nichtlineares System (siehe Abbildung 4.15), welches an unterschiedlichen Arbeitspunkten betrieben wird. Das System reagiert, vor allem aufgrund der Stellzeit der Ventile von bis zu 38 s, vergleichsweise langsam. Außerdem ist primär die Regelgenauigkeit von Interesse. Ein I-Regler ist hier daher eine günstige Lösung [22]. Für die Nachstellzeit wurde $T_N = 30\,s$ gewählt. Der Einregelvorgang nach einem Führungsgrößensprung ist in den Abbildungen 4.16 und 4.17 dargestellt. Die Stabilität des Regelvorgangs nach dem Einregelvorgang kann Abbildung 4.18 entnommen werden. Auffällig ist, dass die Stabilität bei kleinen Durchflüssen (15 l/h) nachlässt.

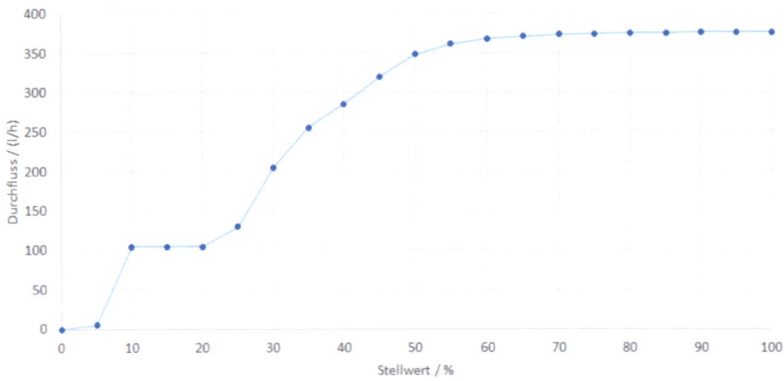

Abbildung 4.15: Verlauf des Durchflusses beim Öffnen des Ventils.

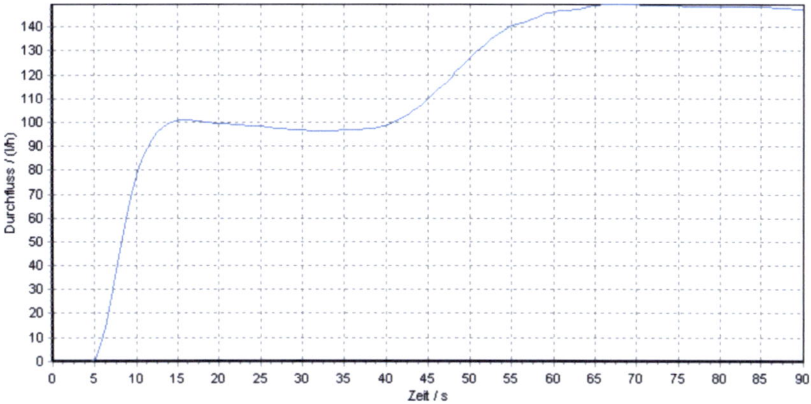

Abbildung 4.16: Einregelvorgang auf einen Durchfluss von 150 l/h im Strömungskanal (I-Regler mit $T_N = 30\,s$).

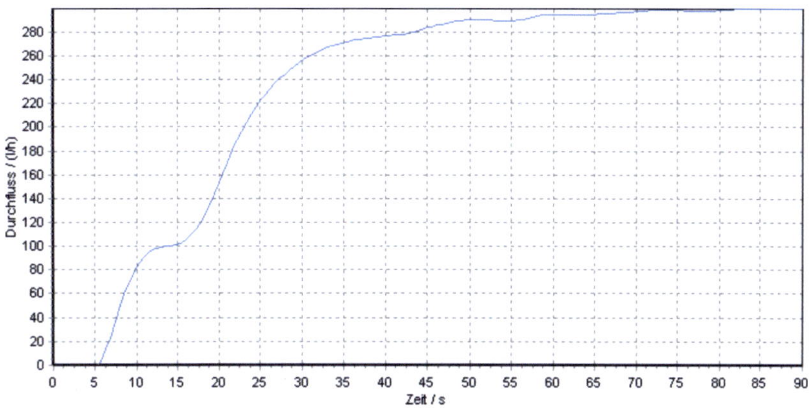

Abbildung 4.17: Einregelvorgang auf einen Durchfluss von 300 l/h im Strömungskanal (I-Regler mit $T_N = 30\,s$).

4.5.5 Interpolation zwischen den Referenztemperaturen

Zur Feststellung der wahren Temperatur an einer beliebigen Position auf der Messstrecke, wird auf dieser zwischen zwei Referenztemperaturen interpoliert. Für die Interpolation zwischen zwei gemessenen Referenztemperaturen T_1 und T_2 auf einer Strecke L, kann der Wärmestrom, der durch das Rohr an die Luft abgegeben wird und der Wärmestrom der vom Medium abgegeben wird gleichgesetzt werden (siehe Abbildung 4.19).

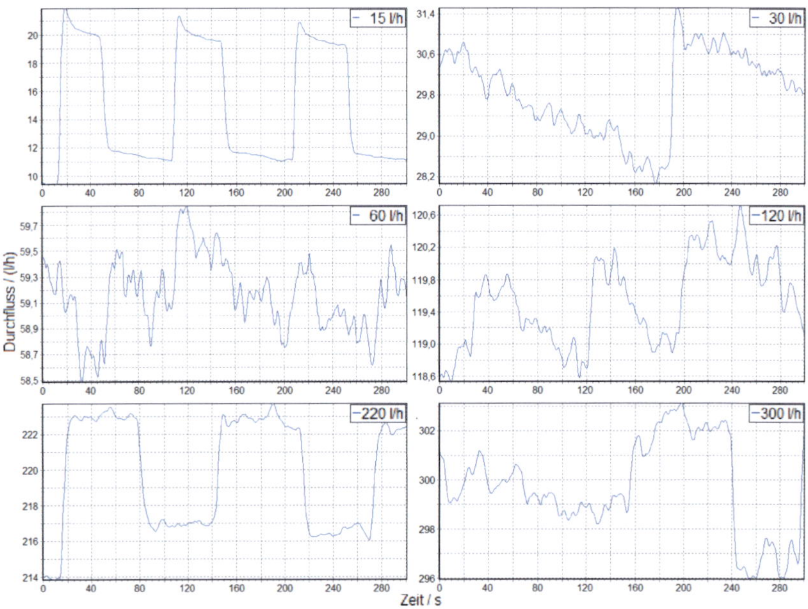

Abbildung 4.18: Stabilität der Regelung des Durchflusses im Strömungskanal (I-Regler mit $T_N = 30\,\text{s}$).

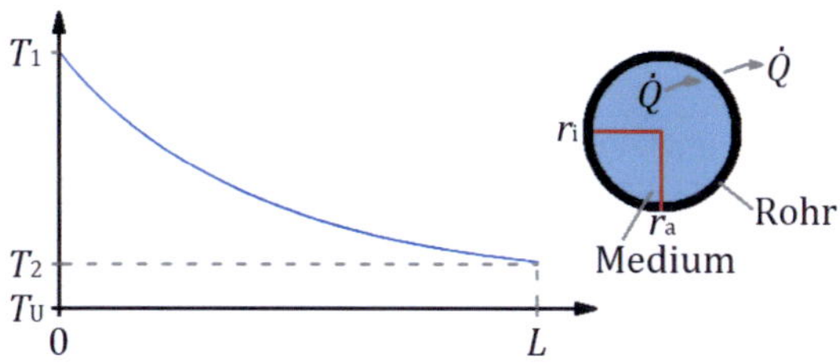

Abbildung 4.19: Schematische Darstellung des Temperaturverlaufs zwischen den Referenztemperaturen T_1 und T_2 auf der Strecke L.

$$\dot{Q} = kL\frac{T_1 - T_2}{\ln\left(\frac{T_1 - T_U}{T_2 - T_U}\right)} = \dot{m}c_p(T_1 - T_2) \tag{4.8}$$

$\dot{Q}$ Wärmestrom
k Wärmedurchgangszahl
T_U Umgebungstemperatur
c_p spezifische Wärmekapazität
$\dot{m}$ Massenstrom

Die Wärmedurchgangszahl ergibt sich aus der reziproken Reihenschaltung der einzelnen Wärmewiderstände.

$$k = \frac{2\pi}{\frac{1}{\alpha_i r_i} + \frac{1}{\lambda}\ln\left(\frac{r_a}{r_i}\right) + \frac{1}{\alpha_a r_a}} \tag{4.9}$$

α_i innerer Wärmeübergangskoeffizient
α_a äußerer Wärmeübergangskoeffizient
λ Wärmeleitfähigkeit der Rohrleitung
r_i Innenradius
r_a Außenradius

Da die Temperatur T_2 an der Stelle L bekannt ist, kann ein Koeffizient K in der Gleichung bestimmt werden. Es bietet sich $K = \frac{k}{\dot{m}c_p}$ an, da die darin vorkommenden Wärmeübergangskoeffizienten und Stoffdaten auf herkömmlichen Weg nur schwer zu bestimmen sind. Durch Umstellen ergibt sich

$$K = \frac{k}{\dot{m}c_p} = \frac{\ln\left(\frac{T_1 - T_U}{T_2 - T_U}\right)}{L}. \tag{4.10}$$

Die Referenztemperatur $T_{\text{Ref,log}}$ an einer beliebigen Stelle d kann nun folgendermaßen bestimmt werden:

$$\boxed{T_{\text{Ref,log}} = T_U + (T_1 - T_U)e^{-Kd}} \tag{4.11}$$

Für die hier vorhandenen kurzen Strecken ist jedoch eine lineare Interpolation zwischen den beiden Referenztemperaturen ausreichend genau. Dabei ergibt sich die Referenztemperatur $T_{\text{Ref,lin}}$ an der Position d folgendermaßen:

$$\boxed{T_{\text{Ref,lin}} = T_1 + d\frac{T_2 - T_1}{L}} \tag{4.12}$$

Für einen Vergleich der beiden Methoden sei $T_U = 20\,°\text{C}$, $T_1 = 85\,°\text{C}$, $T_2 = 84\,°\text{C}$, $L = 1{,}0\,\text{m}$ und $d = 0{,}5\,\text{m}$ angenommen. Der Vergleich zeigt hier eine Abweichung von 2 mK der linearen Interpolation gegenüber der Interpolation nach Gleichung 4.11.

4.5.6 Darstellung des Softwarekonzepts und der verschiedenen Untersuchungsmöglichkeiten

Softwarekonzept

Um mit dem Strömungskanal komfortabel, effizient und reproduzierbar arbeiten zu können, ist der Entwurf einer Software zur Bedienung erforderlich.

Dem Softwarekonzept liegt ein objektorientiertes Konzept zugrunde. Die Umsetzung erfolgte in Delphi XE4. Beim Entwurf der Graphical User Interface (GUI) wurden einige Grundsätze berücksichtigt, um ein intuitives Arbeiten mit der Software zu gewährleisten. Diese Grundsätze sind Teil von Usability. Usability hat eine leicht verständliche und bedienbare Software zum Ziel. Menschliches Wahrnehmen bedeutet in diesem Zusammenhang das Wahrnehmen von Gestalten. Dabei wird unbewusst ein Bild in Grund- und Figurregionen unterteilt. Um die menschliche Wahrnehmung bei der Gestaltung der GUI zu berücksichtigen, wurden die Gestaltgesetze der Gestaltpsychologie berücksichtigt [78].

In den nachfolgenden Unterkapiteln werden nun die unterschiedlichen Untersuchungsmöglichkeiten näher beschrieben, die der Strömungskanal ermöglicht.

Untersuchung des statischen Verhaltens

Um das statische Verhalten eines Thermometers zu untersuchen, wird es in einer zu untersuchenden Einbausituation in der 1. Messstrecke eingebaut. Der Sensor im Thermometer misst nun die eigene Temperatur und nicht die interessierende Temperatur des Mediums. Durch eine Wärmeableitung vom Medium über das Thermometer und die Einbaustelle zur Umgebung entsteht nun ein Wärmeableitfehler. Über die Interpolation zwischen den gemessenen Referenztemperaturen wird die Referenztemperatur T_{Ref} an der Einbaustelle des

Prüflings bestimmt. Der Wärmeableitfehler ΔT ergibt sich dann mithilfe von Gleichung 4.2.

Der Ablauf einer statischen Untersuchung ist in Abbildung 4.20 näher beschrieben. Nach einem thermischen Ausgleichsvorgang können beliebig viele Messwerte entnommen und ausgewertet werden. Es wird über 10 Number of Power-Line-Cycles (NPLC) gemessen, um möglichst verlässliche Messwerte bei vertretbarem Zeitaufwand zu erhalten. Die NPLC steht für die Anzahl der Netzzyklen, über die das Messgerät integriert, bevor ein Messwert anzeigt wird. Gerechnet wird dabei stets mit den Temperatur- und nicht mit Rohmesswerten, um Fehlereinflüsse durch unterschiedliche Empfindlichkeiten zu vermeiden.

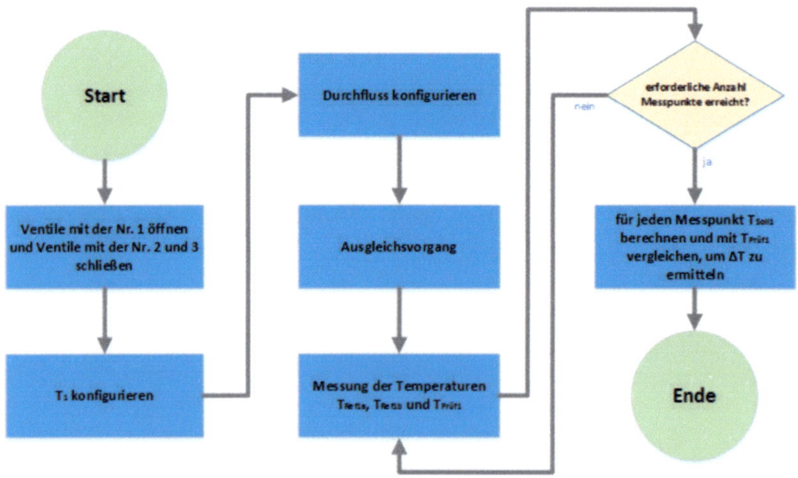

Abbildung 4.20: Ablauf einer statischen Untersuchung.

Eine schematische Darstellung der Kanalkonfiguration für die Untersuchung ist in Abbildung 4.21 dargestellt. Als Ergebnis wird von der Software der Mittelwert des aus den Messwerten berechneten Wärmeableitfehlers und die dazugehörige Standardabweichung ausgegeben. Zusätzlich werden die mittleren Temperaturen der beiden Referenzthermometer und des Prüflings, die mittlere Differenz der beiden Referenztemperaturen sowie die Anzahl der Messwerte ausgegeben.

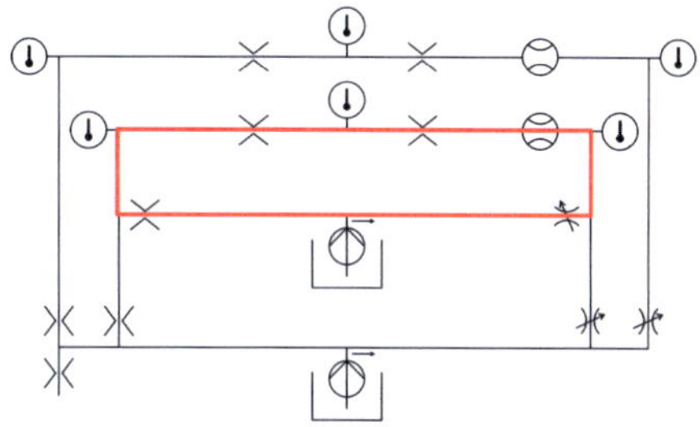

Abbildung 4.21: Kanalkonfiguration für die statische Untersuchung. Die konfigurierte Strecke ist rot dargestellt.

Untersuchung des dynamischen Verhaltens

Zur Untersuchung des dynamischen Verhaltens, wird das Thermometer in einer zu untersuchenden Einbausituation in der 1. Messstrecke eingebaut. Um das dynamische Verhalten von Thermometern zu beschreiben, wird hier die Sprungantwort (siehe Abbildung 3.13) des Thermometers bestimmt. Der Temperatursprung wird durch Umschalten von Reservoir 1 auf Reservoir 2 ausgeführt. Abbildung 4.22 zeigt den Ablauf einer dynamischen Untersuchung. Wie bei der Untersuchung des statischen Verhaltens, wird auch hier mit den Temperatur- und nicht mit Rohmesswerten gerechnet, um Fehler durch unterschiedliche Empfindlichkeiten zu vermeiden. Es wird jedoch nur über 1 NPLC gemessen, um eine hohe Messfrequenz zu erreichen.

Zur Analyse des dynamischen Verhaltens eines Thermometers werden dessen Sprungantwort bei einem plötzlichen äußeren Temperatursprung und die dazugehörigen Zeitprozentwerte benötigt. Diese Daten werden wie in Kapitel 3.7 beschrieben ermittelt. Der Algorithmus für die Ermittlung der Zeitprozentwerte interpoliert dabei linear zwischen den einzelnen gemessenen Temperaturen, um die Zeitprozentwerte ermitteln zu können. Zudem lassen sich aus den Messdaten die Parameter für die Darstellung der Sprungantwort in Form von RC-Ketten-Modellen (siehe Kapitel 3.7.2) ermitteln.

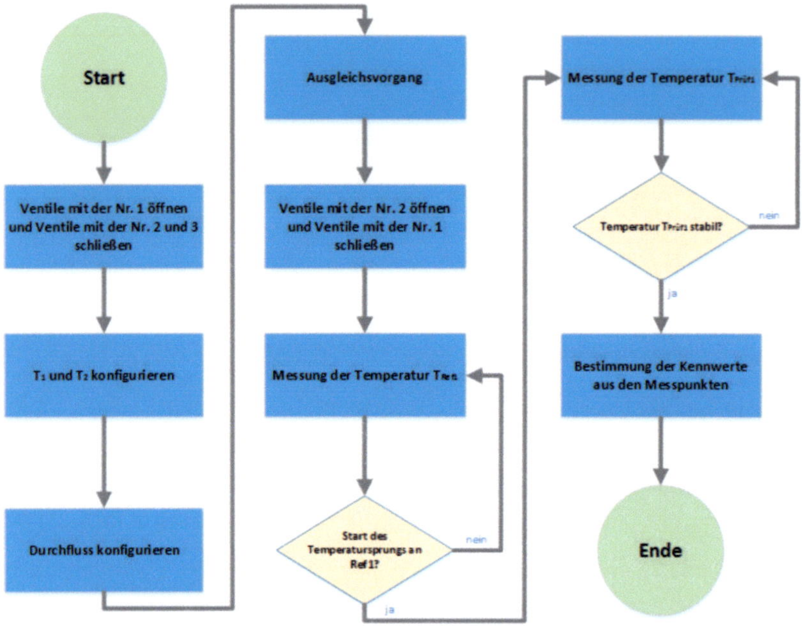

Abbildung 4.22: Ablauf einer dynamischen Untersuchung.

Schematisch ist die Kanalkonfiguration für die dynamische Untersuchung in Abbildung 4.23 dargestellt. Als Ergebnis werden von der Software die unterschiedlichen Ansprechzeiten t_x ausgegeben. Zudem wird die Anzahl der aufgenommenen Messwerte und die Zeit, die der Temperatursprung vom Referenzthermometer zum Prüfling benötigt, ausgegeben.

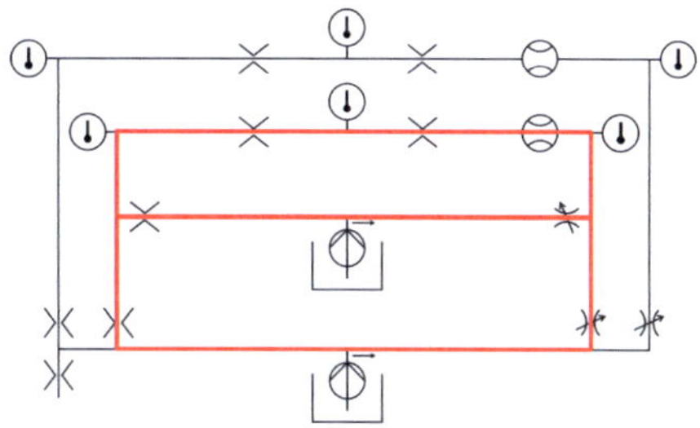

Abbildung 4.23: Kanalkonfiguration für die dynamische Untersuchung. Die konfigurierte Strecke ist rot dargestellt.

Asymmetriemessung

Zur Untersuchung des einbaubedingten Wärmeableitfehlers eines Thermometers im direkten Vergleich zu einer zweiten Einbausituation besteht die Möglichkeit den Wärmeableitfehler auf 2 Messstrecken zur gleichen Zeit zu bestimmen. Der Ablauf einer solchen Messung ist in Abbildung 4.24 beschrieben. Dieser Vergleich hat den Hintergrund, dass sich bei der Differenzbildung zweier gemessener Temperaturen eine Messabweichung teilweise aufheben kann. Bei der Wärmeverbrauchsmessung ist eben dies der Fall, da die verbrauchte Wärmemenge anhand einer Temperaturdifferenz ermittelt wird (siehe Kapitel 3.8). Die beiden Messstrecken des Strömungskanals simulieren in diesem Fall den Vor- und den Rücklauf bei einer Wärmeverbrauchsmessung. Die Messung läuft dabei im Grunde wie eine zweifache statische Untersuchung ab.

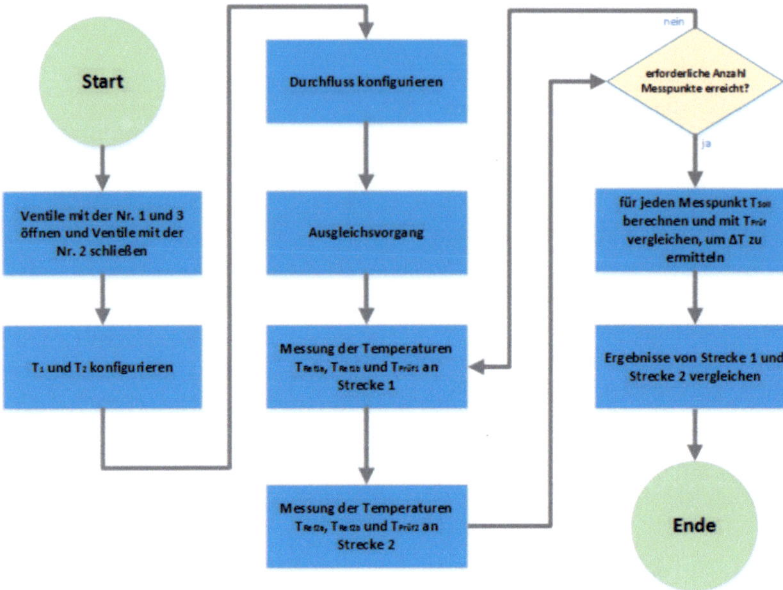

Abbildung 4.24: Ablauf einer Asymmetriemessung.

Abbildung 4.25 zeigt eine schematische Darstellung der Kanalkonfiguration für eine Asymmetriemessung. Die Software gibt nach der Messung neben den Mittelwerten der berechneten Wärmeableitfehler und den dazugehörigen Standardabweichungen auch die Differenz der Mittelwerte aus. Zusätzlich werden die mittleren Temperaturen der Referenzthermometer und der Prüflinge, die mittlere Differenz der Referenztemperaturen sowie die Anzahl der Messwerte ausgegeben.

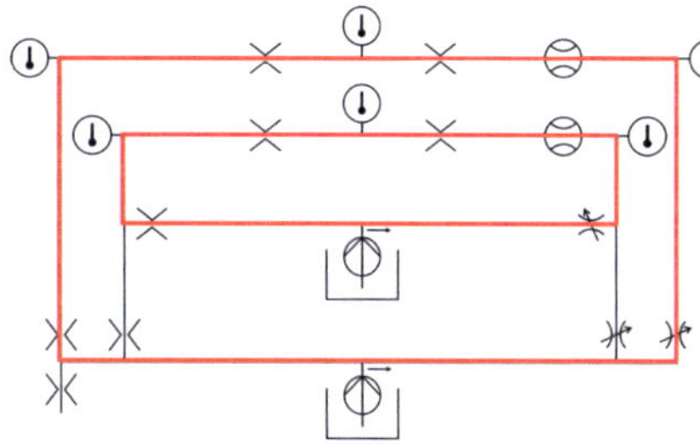

Abbildung 4.25: Kanalkonfiguration für die Asymmetriemessung. Die konfigurierte Strecke ist rot dargestellt.

4.5.7 Validierung der Prüfeinrichtung

Für wissenschaftliche Experimente gelten Bedingungen. Hierzu zählt **Objektivität**. Das heißt, das Ergebnis muss unabhängig von der durchführenden Person sein. Objektivität ist auch die Voraussetzung für eine weitere Bedingung wissenschaftlicher Experimente, **Reproduzierbarkeit**. Dies meint, dass ein Ergebnis zu einem späteren Zeitpunkt wiederholt werden kann. Die dritte Bedingung wissenschaftlicher Experimente ist die **Validität**. Voraussetzung für Validität ist Reproduzierbarkeit. Validität bedeutet, dass ein Messverfahren auch das misst, was es messen soll [106].

Um die Erfüllung der genannten Bedingungen zu überprüfen, wird die Prüfeinrichtung nachfolgend validiert. In den folgenden Untersuchungen lag der Rohrdurchmesser auf der Messstrecke bei 1". Die verwendete Einbaustelle für den Prüfling ist in Abbildung 4.26 dargestellt. Als Medium wurde Wasser bei einer Badtemperatur von 85 °C verwendet. Dies entspricht der maximalen Einsatztemperatur und es ist hier mit dem größten Wärmeableitfehler zu rechnen. Bei jeder Messung des Wärmeableitfehlers wurden jeweils 18

Messwerte im Verlauf von 60 s je Thermometer aufgenommen. Aus diesen wurden anschließend Mittelwerte und Standardabweichungen gebildet. Die Temperatur in dem Raum, in dem die Prüfeinrichtung steht, beträgt in etwa 20 °C.

Abbildung 4.26: Messstrecke mit Einbaustelle für ein Thermometer.

Überprüfen der Referenzthermometer

Die Differenz beider Temperaturwerte muss nach dem Tauschen der beiden Thermometer betragsmäßig gleich sein, aber ein umgekehrtes Vorzeichen haben. Ist dies nicht der Fall, so liegt ein Einbaufehler der Thermometer vor.

Geprüft wurde dies bei einem Durchfluss von 300 l/h, da so eine hohe Reproduzierbarkeit erreicht wird. Die Rohrleitung wurde nicht gegen Wärmeverluste isoliert, um einen hohen Temperaturunterschied zwischen den Referenzthermometern zu erreichen. So können auch kleine Unterschiede erkannt werden. Der Vergleich der Differenzen ist in Tabelle 4.3 dargestellt. Es zeigt sich, dass die Abweichungen noch innerhalb der Streuung und somit auf niedrigem Niveau liegen.

Referenztherm.	ΔT normal	ΔT getauscht	Abweichung	2σ
Strecke 1 längs	426 mK	−403 mK	23 mK	25 mK
Strecke 2 längs	432 mK	−413 mK	19 mK	24 mK
Strecke 1 orthog.	186 mK	−180 mK	6 mK	9 mK
Strecke 2 orthog.	191 mK	−195 mK	4 mK	11 mK

Tabelle 4.3: Differenzenvergleich der Referenztemperaturen. Untersucht wurden an beiden Messstrecken die längs in das Rohr eintauchenden und die orthogonal in das Rohr eintauchenden Referenzthermometer.

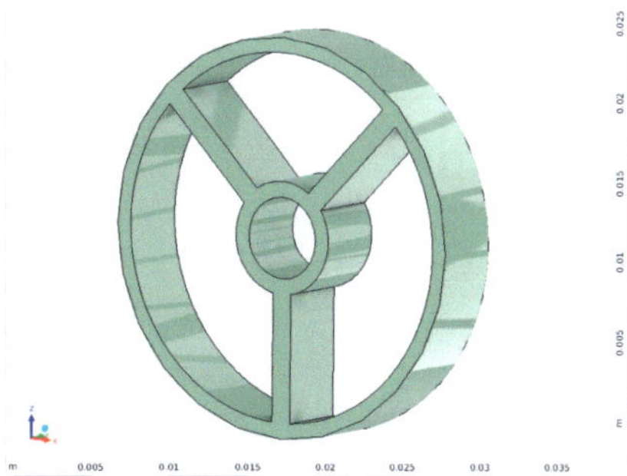

Abbildung 4.27: 3D-Druckteil zur mittigen Positionierung eines Referenzthermometers in einem Rohr (in SpaceClaim entworfenes CAD-Modell).

Kommt es zu größeren Abweichungen beim Differenzenvergleich der längs in das eintauchenden Thermometer, kann dies an nicht exakt mittig im Rohr ausgerichteten Referenzthermometern liegen. Hier kann das in Abbildung 4.27 dargestellte Rad Abhilfe schaffen. Das Rad besteht aus Kunststoff (Polycarbonat [116]) und kann einfach mithilfe eines 3D-Druckers (hier das Modell Ultimaker 3 [117]) gefertigt werden. Das Thermometer wird durch das Loch in der Radmitte geführt. Thermometer und Rad werden mittels Araldit verklebt, um ein Verrutschen des Rads zu vermeiden. Araldit bietet dabei eine gute chemische Beständigkeit, eine hohe Temperaturbeständigkeit und ermöglicht das Verkleben von Metallen und Kunststoffen. Der äußere Ring kann passend in das Rohr geschoben werden. So ist das Thermometer exakt mittig im Rohr ausgerichtet.

Validierung der Referenztemperatur-Berechnung

Wird auf der Messstrecke ein baugleiches Thermometer unter gleichen Einbaubedingungen wie die Referenzthermometer angebracht, so muss die am Prüfling gemessene Temperatur der berechneten entsprechen. Andernfalls liegt eine systematische Messabweichung vor. Hierzu wurden an den beiden Enden einer Messstrecke orthogonal in das Rohr eintauchende Referenzthermometer angebracht. Ein baugleicher Prüfling (konisch verlaufendes direct short Thermometer mit einem vorderen Durchmesser von 4,0 mm) wurde innerhalb der Messstrecke in eine gleiche Einbaustelle eingebaut.

Wie das Ergebnis einer solchen Messung aussieht, kann Abbildung 4.28 entnommen werden. Die Untersuchung wurde bei unterschiedlichen Durchflussraten durchgeführt. Die Ergebnisse sind in Abbildung 4.29 dargestellt. Es ist zu erkennen, dass der Berechnungsfehler bei einem Durchfluss größer 30 l/h sehr gering wird. Bei 15 l/h entsteht jedoch häufig eine große positive Abweichung zu der linear interpolierten Temperatur (siehe Kapitel 4.5.5). Grund ist die geringe Strömungsgeschwindigkeit von 0,008 m/s bei 15 l/h und der laminar/turbulente Umschlagspunkt oberhalb dieses Durchflussbereichs. Dieses Phänomen lässt sich auch bei ähnlichen Versuchsanlagen, wie in dem in Kapitel 4.2 beschriebenen Aufbau, beobachten [103]. Eine Übersicht über die Strömungszustände bei den untersuchten Durchflussraten findet sich in Tabelle 4.4.

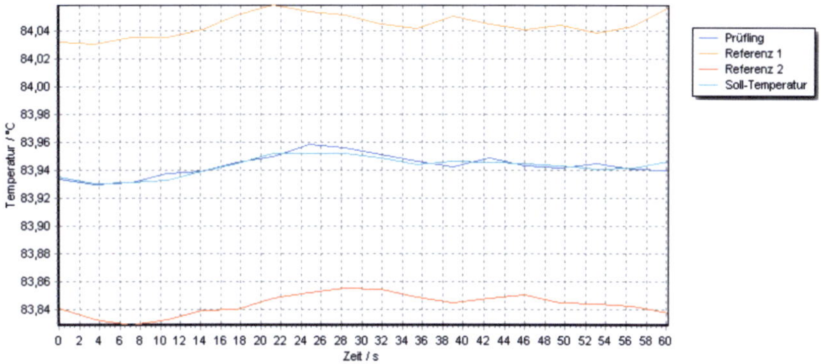

Abbildung 4.28: Experimentelle Bestimmung der Differenz von gemessener Temperatur und berechneter Temperatur bei einem Durchfluss von 300 l/h.

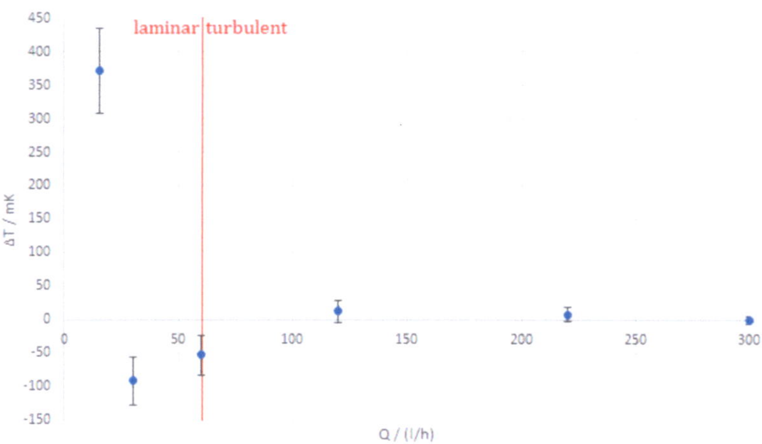

Abbildung 4.29: Differenz von gemessener und berechneter Temperatur, aufgetragen über den Durchfluss (Konfidenzintervalle sind mit $k = 2$ angegeben und wurden durch Mehrfachmessung ermittelt).

Q	T	v	Re
15 l/h	72 °C	0,008 m/s	505
30 l/h	78 °C	0,016 m/s	1145
60 l/h	81 °C	0,033 m/s	2290
120 l/h	83 °C	0,066 m/s	4853
220 l/h	84 °C	0,121 m/s	8898
300 l/h	84 °C	0,164 m/s	12 133

Tabelle 4.4: Angaben zum Strömungszustand im Strömungskanal bei verschiedenen Durchflussraten. Angegeben ist der Durchfluss Q, die Temperatur am Prüfling T, die Strömungsgeschwindigkeit v und die Reynoldszahl Re. Bei $Re \approx 2300$ liegt der laminar/turbulente Umschlagspunkt. Dieser ist jedoch nicht als fixer Punkt zu sehen. Er markiert vielmehr einen ganzen Bereich.

Reproduzierbarkeit der Ergebnisse

Um sicherzustellen, dass Messergebnisse auch später noch reproduziert werden können, muss die Reproduzierbarkeit überprüft werden. Erste Untersuchungen der Reproduzierbarkeit wurden bei einem Durchfluss von 300 l/h und einem Rohrdurchmesser der Teststrecke von 2" für ein frontbündig installiertes Thermometer gemacht (siehe Abbildung 4.30). Hier wurde eine zweifache Standardabweichung von 148 mK festgestellt [14].

Abbildung 4.30: Einbaustelle für ein frontbündig installiertes Thermometer. Dargestellt ist die Messstrecke (links) und die Innenansicht der Einbaustelle (rechts).

Für die hier gemachten Untersuchungen wurde die Einbaustelle für den Prüfling 10 mal neu aufgebaut (an unterschiedlichen Tagen) und der Prüfling (direct short mit vorderem Durchmesser $D = 4{,}0\,\mathrm{mm}$) in diese eingebaut. Gemessen wurde der Wärmeableitfehler bei nicht isoliertem Prüfling. Die Ergebnisse der Untersuchung sind in Tabelle 4.5 dargestellt.

Durchfluss	ΔT	2σ
15 l/h	−101 mK	291 mK
30 l/h	−53 mK	73 mK
60 l/h	−101 mK	34 mK
120 l/h	−12 mK	6 mK
220 l/h	−22 mK	4 mK
300 l/h	−24 mK	5 mK

Tabelle 4.5: Reproduzierbarkeit der mit dem Strömungskanal ermittelten Wärmeableitfehler.

Zudem wurde auch die Reproduzierbarkeit der mit dem Strömungskanal ermittelten Ansprechzeiten bestimmt. Das Ergebnis einer solchen Ansprechzeitenmessung wird in Abbildung 4.31 gezeigt. Bei der Messung bei einem

Durchfluss von 300 l/h ist, nach einem anfänglichen Temperatursprung, deutlich das Kriechen der Temperatur in Richtung des Endwerts zu erkennen. Dies liegt zum einen an dem langsamen Temperaturausgleich der Einbaustelle und der Rohrleitung. Zum anderen liegt die Ursache aber auch in der Wärmeableitung vom Sensor, über die Einbaustelle, hin zur Umgebung. Die ermittelten Reproduzierbarkeiten sind in Tabelle 4.6 dargestellt. Es ist zu erkennen, dass die Ansprechzeiten sich mit der Verringerung des Durchflusses deutlich vergrößern. Außerdem sind die ermittelten Ansprechzeiten auch merklich größer, als die mit dem in Kapitel 4.3 beschriebenen Versuchsaufbau ermittelten Ansprechzeiten (z. B. ist mit dem hier verwendeten Thermometer und diesem Versuchsaufbau $t_{0,9} = 4{,}76\,\mathrm{s}$). Die Ansprechzeit wurde bei einem Durchfluss von 120 l/h und 300 l/h jeweils 10 mal ermittelt. Wobei der Versuch für jede Messung neu aufgebaut wurde. Der verwendete Prüfling war der selbe, wie auch bei der Bestimmung der Reproduzierbarkeit für den Wärmeableitfehler.

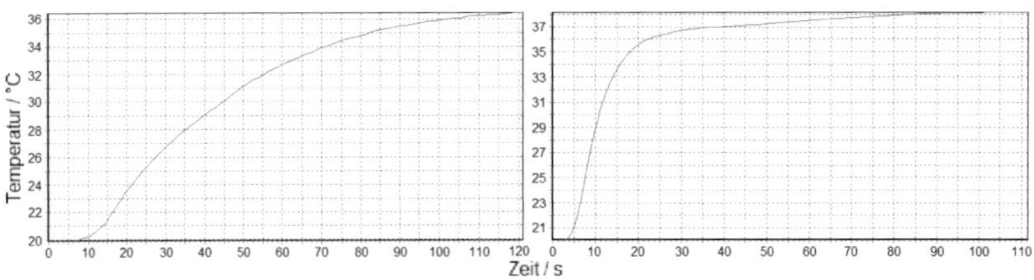

Abbildung 4.31: Darstellung einer Ansprechzeitenmessung im Strömungskanal bei einem Durchfluss von 120 l/h (links) und einem Durchfluss von 300 l/h (rechts). Durchgeführt wurde ein Temperatursprung von ca. 15 K.

Durchfluss	$t_{0,5}$	$2\sigma_{0,5}$	$t_{0,63}$	$2\sigma_{0,63}$	$t_{0,9}$	$2\sigma_{0,9}$
120 l/h	33,41 s	4,55 s	43,82 s	6,01 s	78,50 s	8,21 s
300 l/h	9,73 s	0,70 s	11,57 s	0,98 s	24,86 s	8,42 s

Tabelle 4.6: Reproduzierbarkeit der mit dem Strömungskanal ermittelten Ansprechzeiten.

Für das Referenzthermometer vor dem Prüfling gilt in dem beschriebenen Versuch bei einem Durchfluss von 120 l/h für $t_{0,9} = 37{,}08\,\mathrm{s}$. Bei einem Durchfluss von 300 l/h gilt für $t_{0,9} = 20{,}02\,\mathrm{s}$.

4.5.8 Betrachtung der Messunsicherheit

Eine Grundlage für die Erstellung einer Messunsicherheitsbilanz können z. B. der GUM [68], F. Adunka [4] oder G. Scheller und S. Krummeck [104] liefern. Um die Messunsicherheit einschätzen zu können, ist eine beispielhafte Berechnung der Messunsicherheit für die Ermittlung des Wärmeableitfehlers bei einem Durchfluss von 120 l/h in Tabelle 4.7 dargestellt (alle wichtigen Messunsicherheitsbilanzen sind zur besseren Lesbarkeit in Anhang A zusammengestellt). Dabei kommt zu den einzelnen Unsicherheiten, die sich aus den Gleichungen 4.12 und 4.2 ergeben, noch ΔT_{VS}, der Einfluss der Messunsicherheit der MIDs (bzw. des Durchflusses) auf die Bestimmung der Temperatur hinzu. Um den Einfluss der MIDs zu ermitteln, wurde zunächst messtechnisch die Auswirkung einer Durchflussänderung auf die Temperaturmessung bestimmt. Im Anschluss konnte nun, mithilfe der Messunsicherheit der MIDs [80], der Einfluss der MIDs auf die Temperaturmessung bestimmt werden. Die Messunsicherheit der Temperaturmessung wurde anhand der Messunsicherheit des Multimeters [7] und der Empfindlichkeit des Temperatursensors [41] ermittelt. Zudem wurde der Messunsicherheitsbeitrag der Kalibrierung der Thermometer mit ΔT_{ist}, ΔT_1 und ΔT_2 berücksichtigt. Für die Erstellung der Messunsicherheitsbilanz wurde von der Annahme unkorrelierter Beiträge ausgegangen.

	Wert	Δv_i	**Verteilung**	**Empf.koeff.**	**Unsicherh.**
T_{ist}	83,573 °C	35 mK	Rechteck	1	35,00 mK
ΔT_{ist}	0	35 mK	Rechteck	1	35,00 mK
T_1	82,972 °C	35 mK	Rechteck	−0,496	−17,35 mK
ΔT_1	0	35 mK	Rechteck	−0,496	−17,35 mK
T_2	82,323 °C	35 mK	Rechteck	−0,504	−17,65 mK
ΔT_2	0	35 mK	Rechteck	−0,504	−17,65 mK
L	1,130 m	0,58 mm	Rechteck	−0,290 mK/mm	−0,17 mK
d	0,570 m	0,58 mm	Rechteck	0,574 mK/mm	0,33 mK
ΔT_{VS}	0	2,61 mK	Rechteck	1	2,61 mK
ΔT					**(−0,072 ± 0,121) K** $k = 2$

Tabelle 4.7: Messunsicherheitsbilanz für die Bestimmung des Wärmeableitfehlers bei einem Durchfluss von 120 l/h und einer Mediumstemperatur von 85 °C.

Die in Tabelle 4.7 aufgeführten Empfindlichkeitskoeffizienten $\frac{\partial \Delta T}{\partial v}$ können basierend auf dem GUM [68] ermittelt werden. Abgesehen von ΔT_{VS} können sie mit Gleichung 4.2 ermittelt werden (siehe Gleichung 4.13 bis 4.17). Der Empfindlichkeitskoeffizient für ΔT_{VS} wurde mit 1 festgelegt.

$$\frac{\partial \Delta T}{\partial T_{ist}} = 1 \tag{4.13}$$

$$\frac{\partial \Delta T}{\partial T_1} = \frac{d}{L} - 1 \tag{4.14}$$

$$\frac{\partial \Delta T}{\partial T_2} = -\frac{d}{L} \tag{4.15}$$

$$\frac{\partial \Delta T}{\partial L} = d\frac{T_2 - T_1}{L^2} \tag{4.16}$$

$$\frac{\partial \Delta T}{\partial d} = \frac{T_1 - T_2}{L} \tag{4.17}$$

Die kombinierte Standardunsicherheit ergibt sich nun aus Gleichung 4.18. Es wurde dabei jeweils v_i aus der Messunsicherheitsbilanz eingesetzt. Die erweiterte Messunsicherheit U ergibt sich dann mit Gleichung 3.74 indem u für σ eingesetzt wird.

$$u = \sqrt{\sum_{i=1}^{n} \left(\frac{\partial \Delta T}{\partial v_i} \Delta v_i \right)^2} \tag{4.18}$$

u kombinierte Standardunsicherheit
v_i Variable i
Δv_i Standardunsicherheit der Variable v_i

Bei der Untersuchung des dynamischen Verhaltens ist zu erwähnen, dass ein exaktes Bestimmen des Wechselzeitpunkts der Temperatur des Mediums am Prüfling hier nicht möglich ist. Dies liegt unter anderem daran, dass sich die Temperatur des Mediums am Thermometer nicht sprunghaft ändert. Es tritt durch die Vermischung der unterschiedlich temperierten Bereiche auf der Rohrstrecke und den Ausgleichsvorgang der Rohrtemperatur ein Übergangsbereich auf. Für die Untersuchung der Bedingungen im Einsatz ist die Messunsicherheit jedoch ausreichend. Eine genauere Analyse der Messunsicherheit bei der Ermittlung dynamischer Kennwerte wurde hier daher nicht vorgenommen. Eine prinzipielle Vorgehensweise hierbei wird jedoch von M. Heydrich [61] beschrieben.

4.6 LCSR-Test

Der LCSR-Test ist ein Verfahren zur Analyse des dynamischen Verhaltens eines Widerstandsthermometers, welches im eingebauten Zustand angewendet werden kann. Dabei wird ein Temperatursprung durch die Eigenerwärmung des Temperatursensors beim Anlegen eines erhöhten Messstroms erzeugt.

Beim LCSR-Test ist darauf zu achten, dass die Leistung am Messwiderstand P_{R_M}, für die der in Gleichung 4.20 gezeigte Zusammenhang gilt, möglichst konstant bleibt. Dies kann beispielsweise geschehen, indem eine konstante Spannung an einer Reihenschaltung von Messwiderstand und einem Vorwiderstand angelegt wird [20]. Der Vorwiderstand sollte dabei einen möglichst konstanten Widerstand gleich dem R_0 des Messwiderstands aufweisen. Die verwendete Schaltung ist in Abbildung 4.32 abgebildet. Die Schaltung ist für die Verwendung von Messwiderständen mit 100 Ω, 500 Ω und 1 kΩ ausgelegt.

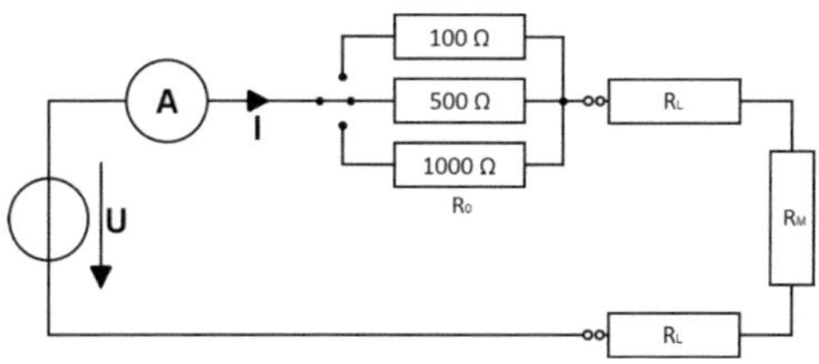

Abbildung 4.32: LCSR-Messschaltung für unterschiedliche Widerstandsthermometer.

$$P = \frac{U^2}{R_\mathrm{M} + R_0 + 2R_\mathrm{L}} \tag{4.19}$$

P Gesamtleistung
U Spannung
R_0 Widerstand des Messwiderstands bei Bezugstemperatur
R_M Messwiderstand
R_L Leitungswiderstand

$$P_{R_\mathrm{M}} = \frac{U^2 R_\mathrm{M}}{(R_\mathrm{M} + R_0 + 2R_\mathrm{L})^2} \tag{4.20}$$

P_{R_M} Leistung am Messwiderstand

Die Wirkung auf die thermische Anregung des Messwiderstands durch die Verwendung dieser Reihenschaltung kann Abbildung 4.33 entnommen werden. Der Gesamtwiderstand der Schaltung lässt sich nun durch Messen des Stroms bestimmen. Es gilt dann der in Gleichung 4.21 beschriebene Zusammenhang. Alternativ kann bei Verwendung eines konstanten Stroms die Leistung am Messwiderstand über einen parallel geschalteten Widerstand konstant gehalten werden. Die Wirkung kann in diesem Fall Abbildung 4.34 entnommen werden.

$$R_{\mathrm{M}} = \frac{U}{I} - R_0 - 2R_{\mathrm{L}} \tag{4.21}$$

I elektrischer Strom

Es gilt außerdem, mit für praktische Anwendungen ausreichender Genauigkeit, der in Gleichung 4.22 beschriebene Zusammenhang für LCSR-Test und Bestimmung des dynamischen Verhaltens über einen äußeren Temperatursprung [20].

$$t_x^* = \frac{b^*}{b} t_x \tag{4.22}$$

t_x^* Zeitprozentwert aus LCSR-Test
t_x Zeitprozentwert aus Sprungantwort
b^* thermometerabhängige Konstante aus LCSR-Test
b thermometerabhängige Konstante aus Sprungantwort

Die in Gleichung 4.22 verwendeten thermometerabhängigen Konstanten ergeben sich aus den Modellvorstellungen für das dynamische Verhalten eines zylindrischen Thermometers, basierend auf einem RC-Glied 2. Ordnung [20].

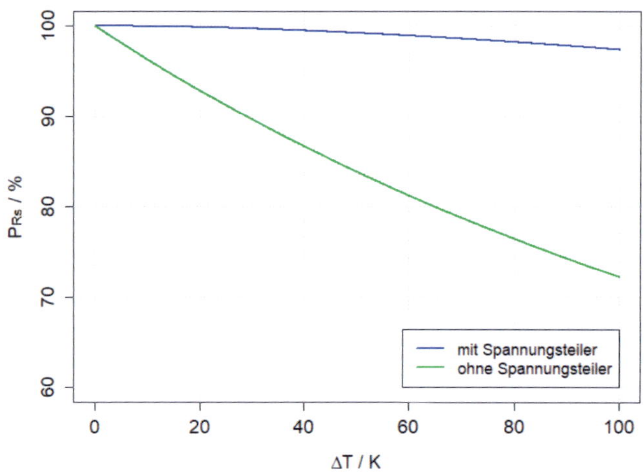

Abbildung 4.33: Vergleich der Leistung am Messwiderstand bei einer LCSR-Messschaltung mit und ohne Vorwiderstand in Abhängigkeit von der Temperaturänderung am Messwiderstand (bei Verwendung einer Konstantspannungsquelle).

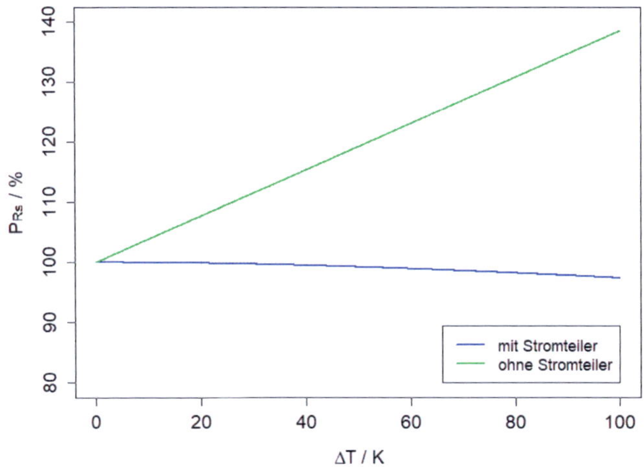

Abbildung 4.34: Vergleich der Leistung am Messwiderstand bei einer LCSR-Messschaltung mit und ohne Parallelwiderstand in Abhängigkeit von der Temperaturänderung am Messwiderstand (bei Verwendung einer Konstantstromquelle).

5 Untersuchung des Wärmeableitfehlers von Widerstandsthermometern

Um Temperatursensoren vor korrosiven und anderen chemischen, sowie mechanischen und physikalischen Belastungen zu schützen, sind diese häufig in Schutzrohre eingelassen und nicht direkt dem Messmedium ausgesetzt. Um den dadurch erheblich beeinflussten Wärmeableitfehler zu verringern, wird z. B. Wärmeleitpaste (WLP) in das Schutzrohr gefüllt. So wird eine bessere thermische Anbindung des Sensors an das Medium erzielt. Es ergibt sich nun die Frage nach der optimalen Füllhöhe der Wärmeleitpaste bzw. der nötigen Eintauchtiefe in das Medium bei einem gegebenen maximal zulässigen Wärmeableitfehler. Thematisiert wird dies z. B. von A. Brethauer, T. Fröhlich und E. Engels [27] [28].

Der Grund für eine erhöhte Messabweichung bei niedrigen Eintauchtiefen eines Thermometers in ein zu messendes Medium liegt in der hierbei erhöhten Wärmeableitung. Es wird nun ein Überblick über den Wärmeableitfehler in Abhängigkeit von Füllhöhe der Wärmeleitpaste und Eintauchtiefe in das Medium gegeben. Dabei wird sich auf das Verhalten im Zusammenhang mit, in der Wärmeverbrauchsmessung üblichen, Schutzrohren mit einem Außendurchmesser von $D = 5{,}2\,\text{mm}$ und einer Länge von $L = 45\,\text{mm}$ beschränkt. Zum Einsatz kommen dabei FEM-Simulationen die durch Vergleichsmessungen validiert werden.

Es wird zudem ein Vergleich unterschiedlicher Bauformen von Thermometern im Hinblick auf den Wärmeableitfehler realisiert. Zur näherungsweisen Bestimmung des Wärmeableitfehlers können z. B. Modelle von F. Bernhard

[20] oder F. Adunka [3] herangezogen werden (siehe Kapitel 3.6). Weitere Möglichkeiten zur Untersuchung des Wärmeableitfehlers ergeben sich aus der Simulation mithilfe der Methode der Finiten Elemente und der Messung mittels standardisierter Messaufbauten. Es wird dabei neben dem Vergleich der unterschiedlichen Bauformen auch einen Vergleich der verschiedenen Methoden gezeigt.

5.1 Vorgehensweise zur Untersuchung des Wärmeableitfehlers

Das für die in Abbildung 5.1 dargestellten Thermometer verwendete Modell ist in Abbildung 5.2 dargestellt und in Tabelle 5.1 näher beschrieben. Der für die experimentelle Bestimmung des Wärmeableitfehlers verwendete Versuchsaufbau ist in Kapitel 4.1 beschrieben. Eine schematische Darstellung des in das Wasserbad eintauchenden Thermometers ist in Abbildung 5.3 dargestellt. Für die FEM-Berechnungen wurde Ansys 16.2 verwendet. In der Simulation wurde für den Wärmeübergang vom Medium zum Thermometer ein Wärmeübergangskoeffizient von $1000\,\mathrm{W/(m^2K)}$ und für den Wärmeübergang vom Thermometer zur anders temperierten Umgebung ein Wärmeübergangkoeffizient von $50\,\mathrm{W/(m^2K)}$ verwendet. Für die Vernetzung kam eine adaptive Vernetzung mit einer minimalen Kantenlänge von $10\,\mu\mathrm{m}$ und quadratischen Elementen zum Einsatz. Zur Ermittlung der Sensortemperatur wurde die mittlere Temperatur des Sensors bestimmt. Der Sensor wurde dabei vereinfachend als Platinquader angenommen.

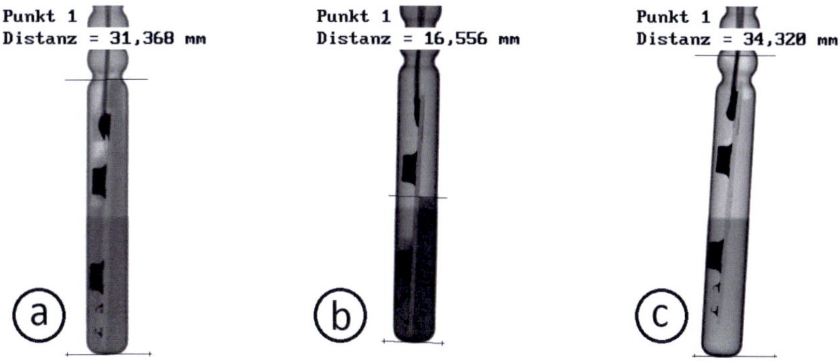

Abbildung 5.1: Von links: Thermometer mit Wärmeleitpaste mit einer Wärmeleitfähigkeit von 0,81 W/(mK), Thermometer mit verringerter Füllhöhe der Wärmeleitpaste mit einer Wärmeleitfähigkeit von 0,81 W/(mK), Thermometer mit Wärmeleitpaste mit einer Wärmeleitfähigkeit von 10 W/(mK) [76] (Röntgenbilder). Die Füllhöhe ist jeweils durch schwarze Linien markiert.

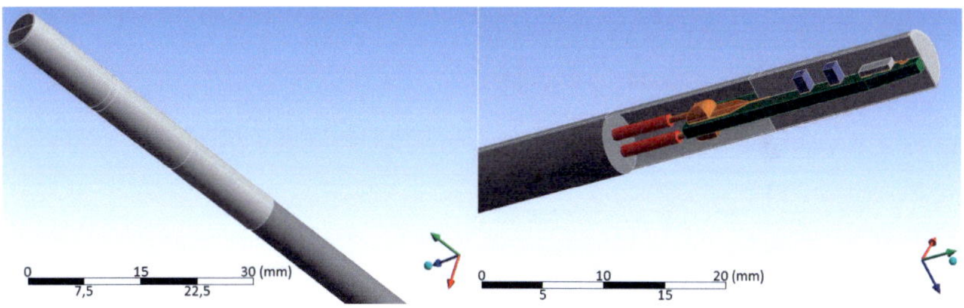

Abbildung 5.2: Von links: Außen- und Innenansicht des Thermometer-Modells zu den in Abbildung 5.1 gezeigten Thermometern.

Eigenschaft	**Angabe**
Schutzrohr-Außendurchmesser	5,2 mm
Schutzrohr-Innendurchmesser	4,7 mm
Schutzrohrlänge	45 mm
Schutzrohrmaterial	Edelstahl
Anschlusslitze Durchmesser	0,5 mm
Anschlusslitzenmaterial	Kupfer
Sensorlänge	3 mm
Sensorbreite	2 mm
Sensorhöhe	0,5 mm
Sensormaterial	Platin
Platinenlänge	25 mm
Platinenbreite	3 mm
Platinenhöhe	1 mm
Platinenmaterial	FR-4
Leiterbahnmaterial	Kupfer
Abstand Sensor - Platinenspitze	2,5 mm

Tabelle 5.1: Angaben zum Modell der Thermometer aus Abbildung 5.1.

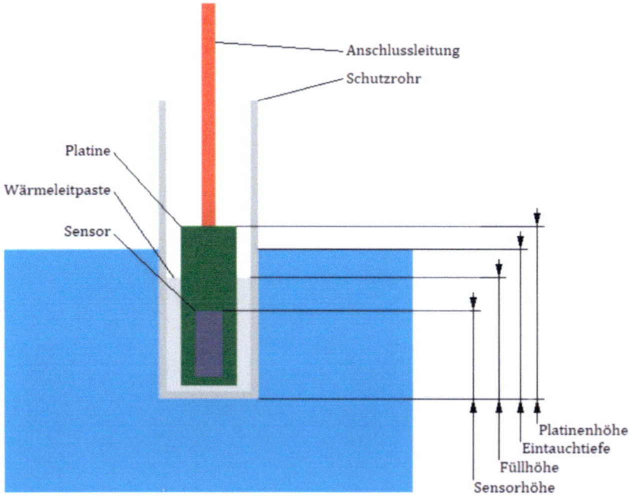

Abbildung 5.3: In Wasser eintauchendes Thermometer (schematische Darstellung).

Weiterhin wurden die in Abbildung 5.4 dargestellten vier unterschiedlichen Thermometer untersucht. Eine Innenansicht der einzelnen Thermometer wird in Abbildung 5.5 gezeigt. Thermometer Nr. 1 ist ein übliches Thermometer zum Einsatz in Wärmemengenzählern mit einem Durchmesser von 5,2 mm. Es ist als Edelstahlrohr konzipiert, in das eine Sensorplatine eingebracht ist. Zur besseren thermischen Kopplung zum Medium ist das Rohr bis zu einer Höhe von 16 mm mit einer Wärmeleitpaste mit einer Wärmeleitfähigkeit von 0,81 W/(mK) befüllt. Thermometer Nr. 2 ist grundsätzlich wie Thermometer Nr. 1 aufgebaut und kommt in Kugelhähnen zum Einsatz. Der Durchmesser der Thermometerspitze ist jedoch auf 4,0 mm verringert. Bei Thermometer Nr. 3 handelt es sich um einen Prototypen, der auf das Messen bei niedrigen Eintauchtiefen in das zu messende Medium optimiert wurde. Die Thermometerspitze mit einer Länge von 5,0 mm und einem Durchmesser von 4,2 mm ist aus Edelstahl und mit Wärmeleitpaste mit einer Wärmeleitfähigkeit von 5 W/(mK) (laut Datenblatt [77]) befüllt. Das Ende des Thermometers ist als Röhre aus Polytetrafluorethylen (PTFE) ausgeführt. Der Sensor ist auch hier auf einer Platine aufgebracht, was die thermische Entkopplung zur anders temperierten Umgebung verbessert. Ebenfalls ein Prototyp ist Thermometer Nr. 4. Der Sensor ist hier mit einem Kunststoff umspritzt, der durch die Zugabe von Bornitrid in seiner Wärmeleitfähigkeit auf 2,1 W/(mK) (laut Datenblatt [85], niedrigster Messwert aus Mehrfachmessung) verbessert wurde. Der Durchmesser beträgt lediglich 2,5 mm und der Sensor ist über Nickeldraht mit der Anschlussleitung verbunden, um eine thermische Entkopplung zur anders temperierten Umgebung zu gewährleisten. Die weiteren, für die Modellrechnungen und FEM-Simulationen benötigten, Stoffdaten können dem VDI-Wärmeatlas [118] entnommen werden.

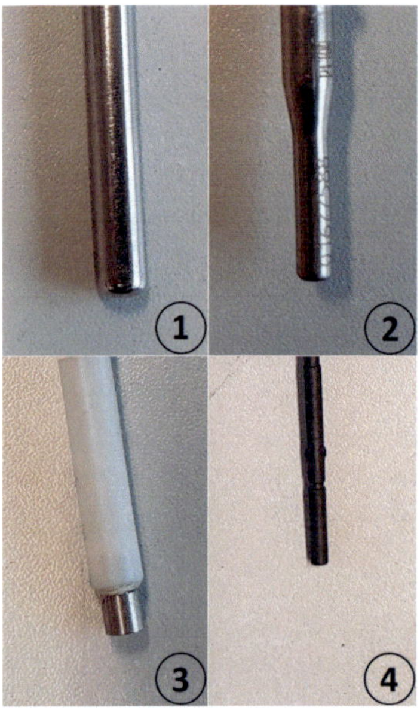

Abbildung 5.4: 1. Thermometer mit $D = 5{,}2\,\mathrm{mm}$; 2. Thermometer mit einer Spitze mit $D = 4{,}0\,\mathrm{mm}$; 3. Thermometer mit einer Spitze mit $D = 4{,}2\,\mathrm{mm}$ sowie einem PTFE-Ende; 4. Thermometer aus gut wärmeleitenden Kunststoff mit $D = 2{,}5\,\mathrm{mm}$.

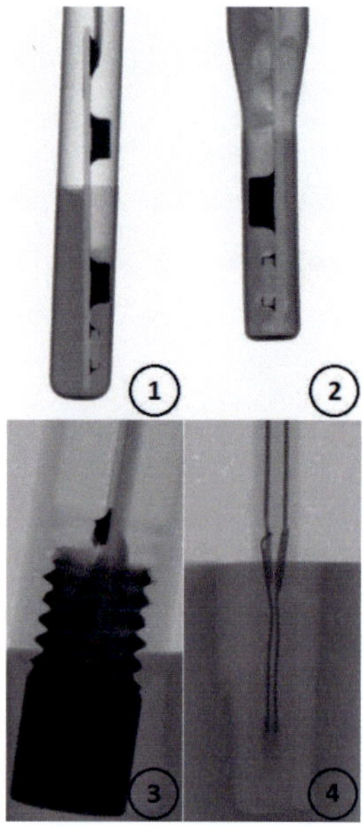

Abbildung 5.5: Innenansicht der in Abbildung 5.4 gezeigten Thermometer (Röntgenbilder).

5.2 Vergleich der Modellrechnungen mit der FEM-Simulation

Abbildung 5.6 zeigt den Wärmeableitfehler der in Abbildung 5.1 gezeigten Thermometer, sowie eine Detailansicht für die Thermometer Nr. a und c. Bei etwa 12,5 mm Eintauchtiefe liegt hier für Thermometer Nr. a die kritische Eintauchtiefe, ab der ein Wärmeableitfehler von 0,1 K unterschritten wird [41]. Für eine analytische Betrachtung mithilfe von Gleichung 3.54 wird anstelle eines Wärmeübergangskoeffizienten α ein scheinbarer Wärmeübergangskoeffizient α_L verwendet [83]. Für das Thermometer Nr. a folgt nun durch Anpassung von $\frac{1}{k}$ an den Versuch

$$L_{\min,1} \approx \frac{\ln(2) - \ln(B_{\max})}{m_1} \approx 12{,}5\,\text{mm}. \tag{5.1}$$

Wird die Wärmeleitfähigkeit der Wärmeleitpaste nun auf $\lambda = 10\,\text{W}/(\text{mK})$ erhöht (Nr. c) folgt

$$L_{\min,3} \approx \frac{\ln(2) - \ln(B_{\max})}{m_3} \approx 15\,\text{mm}. \tag{5.2}$$

Die Modellrechnung liegt hier weit neben der messtechnischen Untersuchung, während die FEM-Simulation ein gutes Ergebnis liefert. Die Modellrechnung liefert für die Erweiterung auf das Thermometer Nr. c einen Wärmeableitfehler von 0,1 K bei etwa 15 mm Eintauchtiefe. Die FEM-Simulation liefert bei 15 mm Eintauchtiefe 0,26 K, die messtechnische Untersuchung liefert 0,24 K. Erklären lässt sich die Abweichung der Modellrechnung durch systematische Fehler, da die Verwendung von $\frac{1}{k}$, gerade bei den hier auftretenden hohen Wärmeübergangskoeffizienten, nicht der Realität entspricht [20]. In Abbildung 5.6 ist zudem zu erkennen, dass die simulierten Ergebnisse gut zu den Messergebnissen passen und gerade bei niedrigen Eintauchtiefen hohe Streuungen (Streuung des Einzelmesswerts; dreifache Standardabweichung) auftreten. Aufgrund der hohen Streuung wurde hier mit dem Median, anstelle des Mittelwerts gearbeitet. Diese Streuungen der Messwerte können auf

Effekte wie Wellenbildung sowie Verdunstung und Kondensation von Wasserdampf zurückgeführt werden. Die FEM kann hier aufgrund von weniger Vereinfachungen auch komplexe Geometrien gut lösen [52] und so besser als die Modellrechnungen abschneiden.

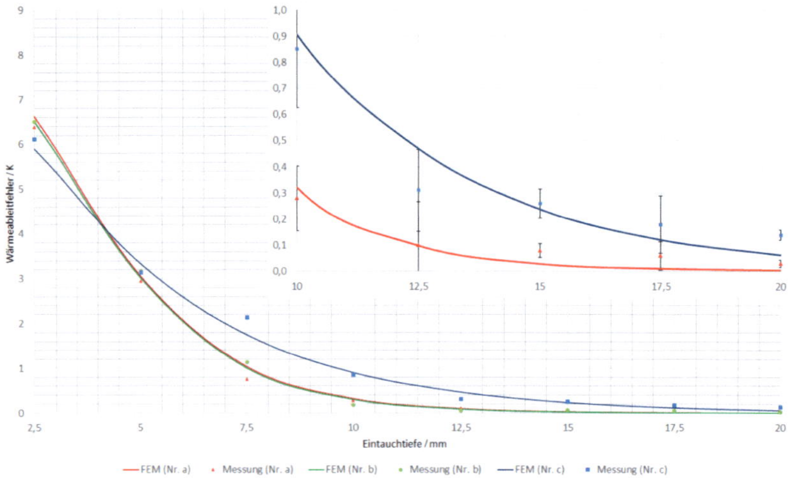

Abbildung 5.6: Wärmeableitfehler (Betrag) der untersuchten Thermometer (siehe hierzu Abbildung 5.1).

Für eines der in Abbildung 5.1 gezeigten und ohne Wärmeleitpaste befüllten Thermometer ergibt sich der in Abbildung 5.7 dargestellte Verlauf. Es entstehen hier bei großen Eintauchtiefen Abweichungen bei der FEM-Simulation zur Messung. Dies lässt sich mit einem in der FEM-Simulation nicht berücksichtigten Strahlungseinfluss vom Schutzrohr zum Sensor erklären. Dieser kann durch zusätzlichen Rechenaufwand in die Simulation mit eingebunden werden. Alternativ kann der Strahlungseinfluss aber auch über die Anpassung der Wärmeleitfähigkeit der Luft λ_0 zwischen Schutzrohr und Sensor anhand von Gleichung 5.3 berücksichtigt werden [107] (grüne Kurve).

$$\lambda_{\text{äq,S}} = \lambda_0 + 4\varepsilon \cdot \sigma_S \cdot T_M^3 \cdot l \tag{5.3}$$

$\lambda_{äq,S}$ äquivalente Wärmeleitfähigkeit (Strahlung)
ε Emissionsgrad
σ_S Stefan-Boltzmann-Konstante
l Luftschichtdicke

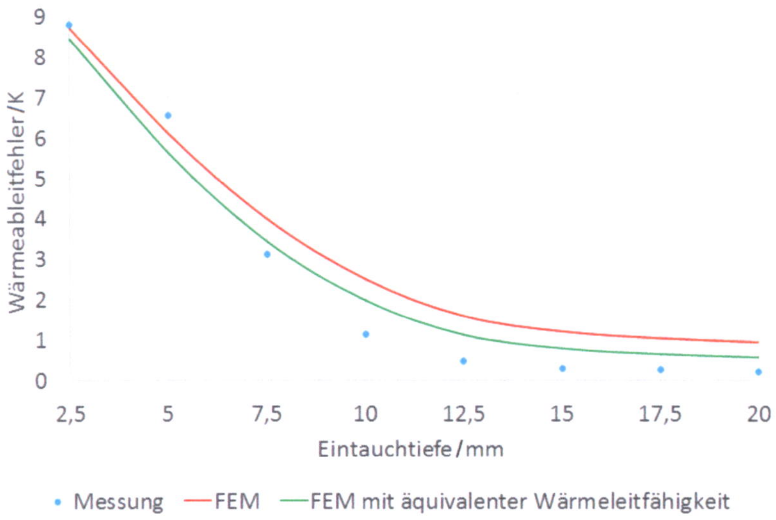

Abbildung 5.7: Wärmeableitfehler (Betrag) eines in Abbildung 5.1 gezeigten Thermometers ohne Wärmeleitpaste.

Der Vergleich von Messung, Modellrechnungen nach F. Bernhard und F. Adunka, sowie FEM-Simulation für Thermometer Nr. 1 ist in Abbildung 5.8 dargestellt. Die Modellrechnungen liefern recht gute Näherungen für die Messung. Es gibt jedoch auch deutliche Abweichungen. Diese können auf, die einem Modell zugrunde liegenden, Vereinfachungen zurückgeführt werden. Hierzu zählen beispielsweise eindimensionale Wärmeströme, orts- und temperaturinvariante Stoffdaten, Geometrievereinfachungen sowie ortskonstante Randbedingungen [20]. Eine deutlich bessere Näherung liefert die FEM-Simulation. Jedoch kommt es auch hier noch zu Abweichungen durch Vereinfachungen. Beispielsweise sind die der Literatur entnommenen Stoffdaten und Wärmeübergangskoeffizienten als Schätzwerte anzusehen.

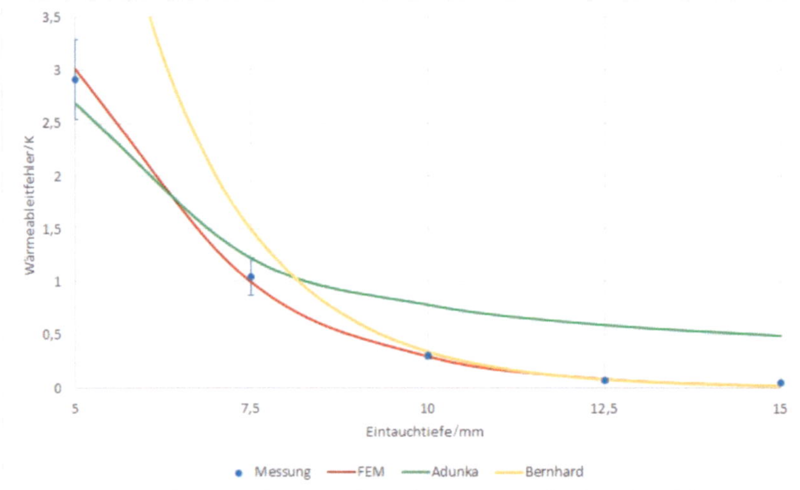

Abbildung 5.8: Vergleich von Modellrechnungen und FEM-Simulation mit Messergebnissen für den Wärmeableitfehler (Thermometer Nr. 1). Dargestellt ist der Betrag des Wärmeableitfehlers.

5.3 Analyse des Wärmeableitfehlers

Die folgenden Ergebnisse wurden mithilfe von FEM-Simulationen ermittelt. Die Abbildungen 5.9 und 5.10 zeigen den Wärmeableitfehler für eine Wärmeleitpaste mit $\lambda = 0{,}81\,\mathrm{W/(mK)}$. Es ist zu erkennen, dass das Verhalten im Bereich hoher Eintauchtiefen ein anderes ist als im Bereich niedriger Eintauchtiefen. So gibt es im Bereich niedriger Eintauchtiefen eine optimale Füllhöhe der Wärmeleitpaste im Bereich zwischen Sensorhöhe und Eintauchtiefe. Dieses Minimum lässt sich durch eine thermische Entkopplung des Sensors in Richtung niedrigerer Füllhöhen, sowie ein Überschreiten der

Eintauchtiefe durch die Höhe der Wärmeleitpaste in Richtung höherer Füllhöhen erklären. Im Bereich hoher Eintauchtiefen ist jedoch eine möglichst hohe Füllhöhe der Wärmeleitpaste optimal. Sinkt die Füllhöhe der Wärmeleitpaste unter die Höhe der Unterkante des Sensors, so steigt der Wärmeableitfehler stark an.

Die Abbildungen 5.11 und 5.12 zeigen den Wärmeableitfehler für eine Wärmeleitpaste mit $\lambda = 10\,\mathrm{W/(mK)}$. Auch hier zeigt sich das unterschiedliche Verhalten des Wärmeableitfehlers für hohe und für niedrige Eintauchtiefen. Bei niedrigen Eintauchtiefen ist die Abweichung jedoch allgemein niedriger als bei $\lambda = 0{,}81\,\mathrm{W/(mK)}$. Auch der Abfall der Abweichung bei Verschiebung der Füllhöhe in Richtung Eintauchtiefe ist deutlicher. Der Abfall der Abweichung in Richtung niedriger Eintauchtiefen ist aber deutlich flacher als bei $\lambda = 0{,}81\,\mathrm{W/(mK)}$, so dass bei etwas höheren Eintauchtiefen und Füllhöhen größer der Sensorhöhe höhere Abweichungen entstehen. Bei der Verwendung der gut wärmeleitenden Wärmeleitpaste ist auch etwas besser als bei der schlechter wärmeleitenden Wärmeleitpaste zu erkennen, dass beim Überschreiten der Platinenhöhe mit Wärmeleitpaste die Änderung des Wärmeableitfehlers bei steigender Füllhöhe kleiner wird. Die Ursache liegt hier in der thermisch entkoppelnden Wirkung der Platine, die durch die Wärmeleitpaste abgeschwächt bzw. aufgehoben wird.

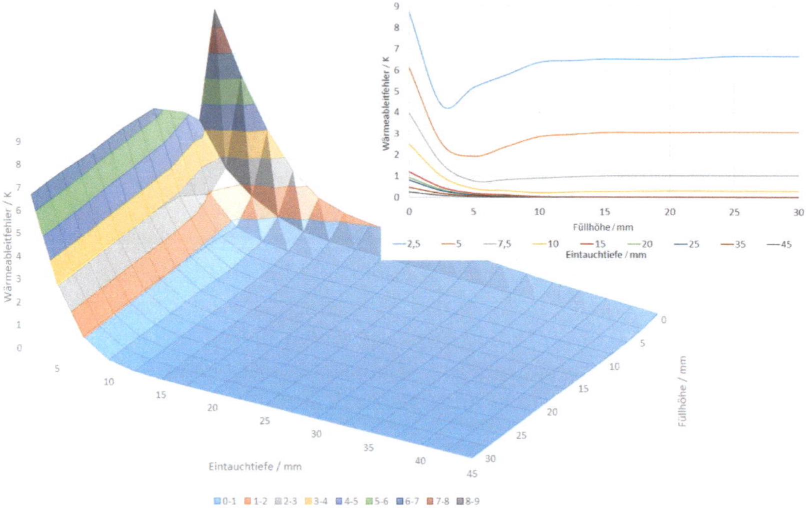

Abbildung 5.9: Wärmeableitfehler (Betrag) in Abhängigkeit von Eintauchtiefe und Füllhöhe ($\lambda = 0{,}81\,\mathrm{W/(mK)}$).

In Abbildung 5.9 ist zudem gut zu erkennen, dass bei niedrigen Eintauchtiefen (blaue und orange Kurve) auch große Wärmeableitfehler entstehen. Außerdem ist bei niedrigen Eintauchtiefen das Optimum zwischen Sensorhöhe und Eintauchtiefe gut erkennbar. Dieses Optimum flacht hin zu höheren Eintauchtiefen ab und verschwindet schließlich. Für große Eintauchtiefen (braune und graue Kurve) ist dann schließlich eine möglichst hohe Füllhöhe optimal. Die schlechtesten Ergebnisse entstehen ohne Befüllung des Schutzrohres mit Wärmeleitpaste. In Abbildung 5.11 zeigen die Kurven niedriger Eintauchtiefen (blaue und orange Kurve) hier stärkere Einbuchtungen im Bereich des Optimums und einen allgemein niedrigeren Wärmeableitfehler als in Abbildung 5.9. Der Wärmeableitfehler verschwindet jedoch hin zu größeren Eintauchtiefen langsamer. Auch zu erkennen ist, dass mit steigender Füllhöhe nur langsam ein gleichbleibendes Niveau des Wärmeableitfehlers erreicht wird.

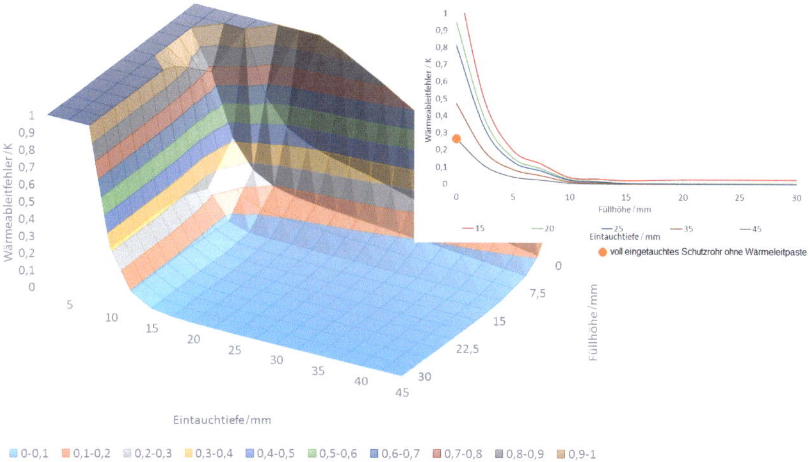

Abbildung 5.10: Wärmeableitfehler (Betrag) bis 1 K in Abhängigkeit von Eintauchtiefe und Füllhöhe ($\lambda = 0{,}81\,\mathrm{W/(mK)}$).

Ein Vergleich des Wärmeableitfehlers bei einer Änderung der Wärmeleitfähigkeit der Wärmeleitpaste von $\lambda = 0{,}81\,\mathrm{W/(mK)}$ auf $\lambda = 10\,\mathrm{W/(mK)}$ zeigt, dass das Erhöhen der Wärmeleitfähigkeit bei niedrigen Eintauchtiefen und einer Füllhöhe im Bereich zwischen Sensorhöhe und Eintauchtiefe den größten Effekt mit einer Verbesserung von bis zu 2,2 K hat. Bei Füllhöhen deutlich über der Eintauchtiefe und etwas größeren Eintauchtiefen vergrößert sich die Abweichung jedoch um bis zu 0,7 K. Für große Eintauchtiefen verschwindet die Änderung langsam.

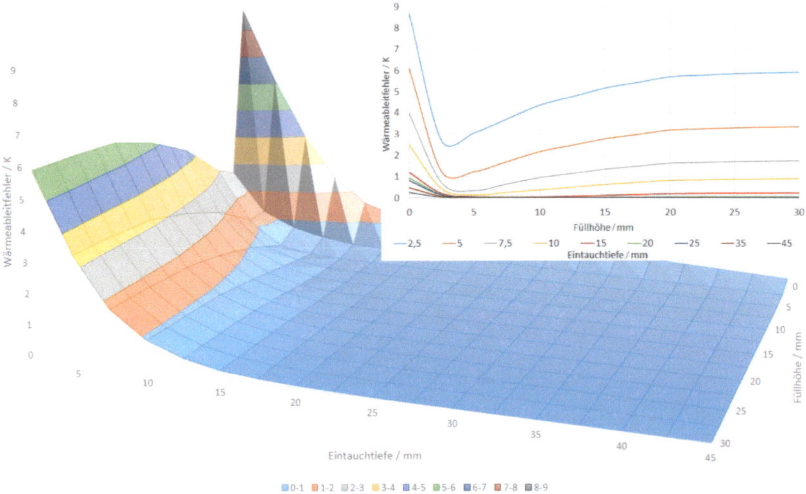

Abbildung 5.11: Wärmeableitfehler (Betrag) in Abhängigkeit von Eintauchtiefe und Füllhöhe ($\lambda = 10\,\mathrm{W/(mK)}$).

Es zeigt sich, dass die Füllhöhe und die Wärmeleitfähigkeit der Wärmeleitpaste im Schutzrohr je nach Aufgabenstellung gewählt werden sollte. Wird eine Wärmeleitpaste mit niedriger Wärmeleitfähigkeit verwendet und sind große Eintauchtiefen möglich, so kann die Füllhöhe groß gewählt werden. Soll ein kleiner Wärmeableitfehler bei niedriger Eintauchtiefe realisiert werden, so ist eine Anpassung der Füllhöhe an Sensorhöhe und Eintauchtiefe notwendig. Ein gutes Vorgehen ist es dabei, den Sensor nah am Boden des Schutzrohres zu platzieren und die Füllhöhe der Wärmeleitpaste im Bereich der gewünschten Eintauchtiefe zu wählen. Werden Wärmeleitpasten mit hoher Wärmeleitfähigkeit verwendet, so kann mit der Wahl der Füllhöhe etwas über dem Bereich der Sensorhöhe ein Optimum erzielt werden. Hier sind sehr kleine Wärmeableitfehler realisierbar. Jedoch wird auf abweichende Füllhöhen sensibler reagiert, was zu größeren Streuungen des Wärmeableitfehlers führen kann. Bei ungünstig gewählten Füllhöhen ist bei hohen Wärmeleitfähigkeiten zudem eine große Eintauchtiefe nötig bis der Wärmeableitfehler nahezu verschwindet.

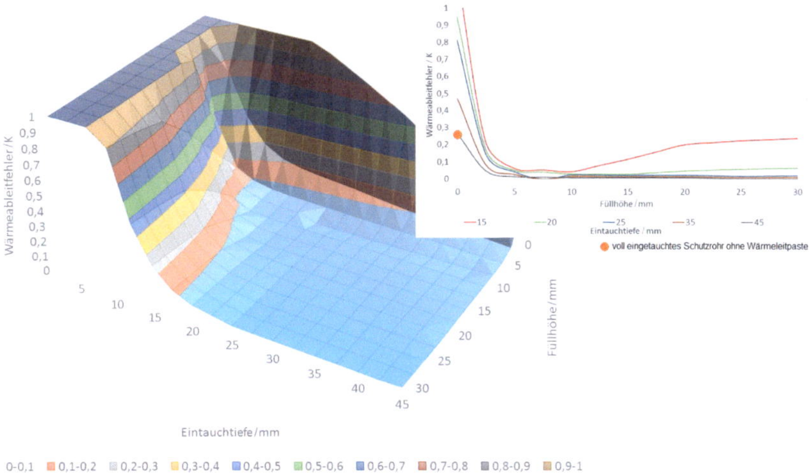

Abbildung 5.12: Wärmeableitfehler (Betrag) bis 1 K in Abhängigkeit von Eintauchtiefe und Füllhöhe ($\lambda = 10\,\mathrm{W/(mK)}$).

5.4 Untersuchung unterschiedlicher Thermometer-Bauformen

Abbildung 5.13 zeigt den Wärmeableitfehler in Abhängigkeit von der Eintauchtiefe für die unterschiedlichen Thermometer. Streuungen sind hier als Streuung des Mittelwerts mit dreifacher Standardabweichung angegeben. Es wird deutlich, dass durch eine Reduzierung des Thermometerdurchmessers bereits eine Verringerung des Wärmeableitfehlers erreicht werden kann (Thermometer Nr. 1 und 2). Eine weitere deutliche Verringerung des Wärmeableitfehlers kann durch eine thermische Entkopplung zur anders temperierten Umgebung erzielt werden (Thermometer Nr. 3). Diese Entkopplung geschieht hier vor allem durch die Verwendung von PTFE für das Thermometerende. Eine Verringerung des Wärmeableitfehlers konnte auch mit Thermometer Nr. 4 erreicht werden. Hier konnte der Thermometerdurchmesser durch die Verwendung von Kunststoff weiter reduziert werden. Durch die Beimischung von Bornitrid konnte dabei die thermische Anbindung an das zu messende Medium gewährleistet werden. Die erkennbar größeren Abweichungen der FEM-Simulation von der Messung, können durch eine nicht vernachlässigbare anisotrope Wärmeleitfähigkeit erklärt werden [55], die nur schwer durch die Simulation wiedergegeben werden kann. Diese entsteht durch ein Aspektverhältnis, des verwendeten Additivs Bornitrid, ungleich 1. Dies führt dazu, dass sich die Bornitrid-Partikel während des Appliziervorgangs in Flussrichtung des Füllstoffs ausrichten und so eine Anisotropie der Wärmeleitfähigkeit im Füllstoff entsteht.

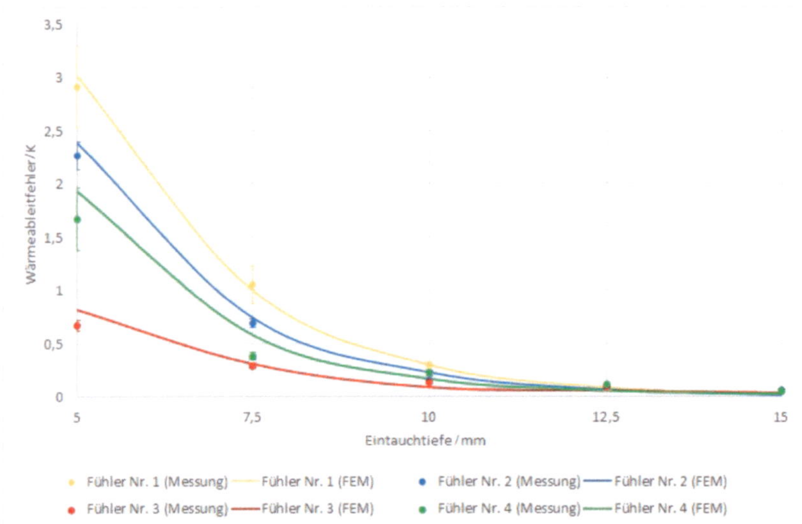

Abbildung 5.13: Wärmeableitfehler (Betrag) der untersuchten Thermometer in Abhängigkeit von der Eintauchtiefe (siehe Abbildung 5.4).

Es zeigt sich die Bedeutung der thermischen Kopplung zum zu messenden Medium, sowie die thermische Entkopplung zur anders temperierten Umgebung, gerade bei niedrigen Eintauchtiefen in das zu messende Medium. Auffällig ist in diesem Zusammenhang eine thermisch entkoppelnde Wirkung durch die Verwendung einer Platine. Platinen ermöglichen hier sehr geringe Leiterbahnquerschnitte im Vergleich zu Querschnitten von Anschlussleitungen, was den thermischen Widerstand erhöht. Diese Wirkung wird durch das Erhöhen der Füllhöhe einer gut wärmeleitenden Wärmeleitpaste abgeschwächt bzw. aufgehoben, was mit einem thermischen Kurzschließen begründet werden kann.

6 Betrachtung des dynamischen Verhaltens von Widerstandsthermometern

Dynamische Thermometerkennwerte können nach der DIN EN 60751 [41] durch das plötzliche Eintauchen eines zu prüfenden Thermometers in ein temperiertes Medium ermittelt werden. Dabei wird bei der Verwendung von Wasser als Medium in ein beheiztes Wasserbad mit festgelegter Strömungsgeschwindigkeit eingetaucht und so ein Aufheizvorgang eingeleitet. Solche Versuchsaufbauten werden z. B. von A. Brethauer [24] oder H. Mammen, G. Krapf, C. Hoffmann, T. Sasiuk, M. Pufke, S. Marin und T. Fröhlich [62] [86] [101] beschrieben. Alternativ kann ein Thermometer auch plötzlich zwischen zwei Wasserkanälen getauscht werden. Dieses Vorgehen macht unterschiedlichste Thermometer bezüglich ihres Ansprechverhaltens vergleichbar und ist in der VDI/VDE 3522 [119] beschrieben. Die DIN EN 1434 [38] verweist hier zur Bestimmung dynamischer Kennwerte in der Wärmeverbrauchsmessung auf DIN EN 60751 [41]. Die dort empfohlenen Methoden haben jedoch oft wenig mit den realen Bedingungen im Einsatz zu tun. S. Augustin, T. Fröhlich und C. Ament zeigen z. B., dass das dynamische Verhalten von Berührungsthermometern temperaturabhängig ist [10] [11]. Ein Vergleich dynamischer Thermometerkennwerte unterschiedlicher Labore wurde von S. Augustin, T. Fröhlich, M. Schalles und S. Krummeck [13] durchgeführt.

Bei der Wärmeverbrauchsmessung werden Thermometer beispielsweise an einem Vor- und einem Rücklauf eingebaut, um eine Temperaturdifferenz zu ermitteln [3]. Hier ändert sich die Temperatur im Rohr beim Ändern der Wassertemperatur nicht plötzlich. Hin zur Rohrwand ist die Temperatur geringer als in der Rohrmitte und es kommt zu einem Wärmeaustausch mit der Rohrwand. Eine alternative Methode zur Bestimmung der dynamischen Kennwerte kann es sein, dass ein Strömungskanal, wie in Kapitel 4.4 gezeigt, zwischen zwei unterschiedlich temperierten Wassertanks umgeschaltet wird [26].

Interessant ist in diesem Zusammenhang auch der Vergleich der auf diese Weise gewonnenen Ansprechzeiten mit dem LCSR-Test [54]. Bei diesem Test wird die Eigenerwärmung eines Temperatursensors ausgenutzt, die durch einen erhöhten Messstrom entsteht. Diese Vorgehensweise ist besonders interessant, da sie auch im eingebauten Zustand des Thermometers möglich ist und so der Alterungsprozess eines eingebauten Thermometers überwacht werden kann.

6.1 Vorgehensweise bei der Untersuchung des dynamischen Verhaltens

6.1.1 Experimentelle Bestimmung der Sprungantwort

Das dynamische Verhalten wurde für die in Abbildung 6.1 gezeigten Widerstandsthermometer untersucht. Die dargestellten Thermometer werden in Tabelle 6.1 näher beschrieben. Es wurde für jedes Thermometer experimentell die Sprungantwort ermittelt. Der dazu verwendete Versuchsaufbau ist in Kapitel 4.3 näher beschrieben.

Abbildung 6.1: Darstellung der untersuchten Thermometer.

Thermometer	Beschreibung	Widerst.
Nr. 1	5,2 mm Durchmesser Edelstahlrohr mit Wärmeleitpaste befüllt	Pt500
Nr. 2	5,2 mm Durchmesser Edelstahlrohr mit Wärmeleitpaste befüllt	Pt500
Nr. 3	5,2 mm Durchmesser PTFE-Rohr mit auf 4,2 mm abgesetzter und mit Wärmeleitpaste befüllter Edelstahlspitze	Pt500
Nr. 4	8 mm Durchmesser Kunststoff-Thermometer mit auf 6 mm abgesetzter Spitze aus gut wärmeleitendem Kunststoff	Pt1000
Nr. 5	5,2 mm Durchmesser Edelstahlrohr, konisch auf 4,0 mm abgesetzt und mit Wärmeleitpaste befüllt	Pt500
Nr. 6	2,5 mm Durchmesser Thermometer aus gut wärmeleitendem Kunststoff	Pt1000
Nr. 7	6 mm Durchmesser Edelstahlrohr mit Spitze aus gut wärmeleitendem Kunststoff	Pt100
Nr. 8	6 mm Durchmesser Thermometer aus gut wärmeleitendem Kunststoff	Pt100

Tabelle 6.1: Beschreibung der untersuchten Thermometer (siehe Abbildung 6.1).

6.1.2 Experimentelle Bestimmung der Sprungantwort in einer Rohrleitung

Zudem wurden die Thermometer Nr. 2 und 5 in einer Rohrleitung mit einem Innendurchmesser von 3/4" untersucht, in die das Thermometer orthogonal eingebaut wird. Dabei wurden sie in einem weiteren Versuch jeweils in einen Wärmemengenzähler mit einem Rohr-Innendurchmesser von 3/4" eingebaut, in den das Thermometer tangential (siehe Abbildung 3.14) eingebaut wird. Für die Untersuchungen wurde die Sprungantwort bei einer plötzlichen Änderung der Temperatur des Mediums ermittelt.

Zur Analyse des dynamischen Verhaltens eines Thermometers in einer Rohrleitung wurde der in Kapitel 4.4 dargestellte Versuchsaufbau verwendet. Untersucht wurde ein Temperatursprung von etwa 20 °C auf etwa 35 °C bei einem Durchfluss von 25 l/min und 30 l/min.

6.1.3 LCSR-Test

Mit einem LCSR-Test wird ein Testverfahren untersucht, welches im eingebauten Zustand angewendet werden kann. Beschrieben ist der LCSR-Test in Kapitel 4.6. Durchgeführt wurde der LCSR-Test im Versuchsaufbau zur Bestimmung der Ansprechzeit (siehe Kapitel 4.3) bei etwa 35 °C. In der Rohrleitung bzw. im Wärmemengenzähler wurde der LCSR-Test bei etwa 20 °C und bei etwa 35 °C, jeweils bei einem Durchfluss von 25 l/min und 30 l/min durchgeführt. Die Leistung im Messwiderstand betrug jeweils $P_{R_\mathrm{M}} = 25\,\mathrm{mW}$.

6.2 Analyse des dynamischen Verhaltens der untersuchten Thermometer

Bei der Bestimmung des dynamischen Verhaltens mithilfe eines äußeren Temperatursprungs zeigt sich, dass sich für unterschiedliche Anrege- und Einbaubedingungen, die ermittelten Zeitprozentwerte t_x stark voneinander unterscheiden (siehe Tabelle 6.2). Jedoch sind tendenzielle Unterschiede der beiden Thermometer in allen Testbedingungen gleichermaßen erkennbar. Die kleinsten Zeitprozentwerte t_x werden immer mit dem in Kapitel 4.3 beschriebenen Versuchsaufbau erreicht.

Thermometer Nr. 2			
	$t_{0,5}$	$t_{0,63}$	$t_{0,9}$
WMZ 25 l/min	3,83 s	5,24 s	10,35 s
WMZ 30 l/min	3,57 s	4,77 s	8,96 s
Rohr 25 l/min	4,06 s	5,37 s	9,94 s
Rohr 30 l/min	3,41 s	4,62 s	8,78 s
Wasserbad	2,63 s	3,51 s	7,25 s
Thermometer Nr. 5			
	$t_{0,5}$	$t_{0,63}$	$t_{0,9}$
WMZ 25 l/min	3,03 s	4,16 s	8,94 s
WMZ 30 l/min	2,89 s	3,88 s	7,71 s
Rohr 25 l/min	3,03 s	4,17 s	8,67 s
Rohr 30 l/min	2,47 s	3,44 s	7,26 s
Wasserbad	1,84 s	2,41 s	4,76 s

Tabelle 6.2: Vergleich unterschiedlicher Einbaubedingungen anhand der Zeitprozentwerte t_x (durch äußeren Temperatursprung ermittelt).

Der LCSR-Test hat gezeigt, dass für ein Thermometer, bei den hier verwendeten hohen Wärmeübergangskoeffizienten vom Medium zum Thermometer, unabhängig von der Einbausituation ähnliche Ergebnisse zu erwarten sind. So zeigt sich über alle getesteten Einbausituationen hinweg ein mittlerer Variationskoeffizient von $\overline{v} = 0,06$ (siehe Tabelle 6.3). Der Variationskoeffizient

$$v = \frac{\sigma}{\overline{x}} \tag{6.1}$$

σ Standardabweichung
$\overline{x}$ Mittelwert

ist ein relatives Streuungsmaß, welches die Streuung unabhängig von der Maßeinheit der Zufallsvariable angibt. Bei der Bestimmung der Zeitprozentwerte über einen äußeren Temperatursprung ergibt sich hier zum Vergleich ein mittlerer Variationskoeffizient von $\overline{v}_S = 0,17$.

Thermometer Nr. 2			
	$t_{0,5}$	$t_{0,63}$	$t_{0,9}$
$\overline{t_x}$	1,10 s	1,68 s	4,48 s
σ	0,08 s	0,09 s	0,26 s
ν	0,07	0,06	0,06
Thermometer Nr. 5			
	$t_{0,5}$	$t_{0,63}$	$t_{0,9}$
$\overline{t_x}$	1,01 s	1,47 s	3,36 s
σ	0,07 s	0,10 s	0,21 s
ν	0,07	0,07	0,06
$\bar{\nu} = 0,06$			

Tabelle 6.3: Vergleich des LCSR-Tests bei unterschiedlichen Einbausituationen anhand von mittlerem Zeitprozentwert $\overline{t_x}$, Standardabweichung σ und dem Variationskoeffizienten ν.

Die Ergebnisse für die Ermittlung des Ansprechverhaltens durch einen äußeren Temperatursprung können Abbildung 6.2 und Tabelle 6.4 entnommen werden. Für den LCSR-Test ergeben sich die in Abbildung 6.3 und Tabelle 6.4 dargestellten Ergebnisse. Es zeigt sich ein tendenziell ähnliches Verhalten zwischen den Thermometern in beiden Untersuchungen. Der LCSR-Test liefert jedoch generell geringere Ansprechzeiten. Dies liegt vor allem an der Umsetzung der Leistung in Wärme direkt im Messwiderstand.

Gleichung 6.2 zeigt, wie aus der Messung der Sprungantwort und einem LCSR-Test ein Umrechnungsfaktor f bestimmt werden kann. Dieser Umrechnungsfaktor ist für ein Thermometer über unterschiedliche Zeitprozentwerte (für $t_x \geq t_{0,5}$ bzw. $t_x^* \geq t_{0,5}^*$) ähnlich (siehe Abbildung 6.4). Auffällig ist der Knick im Verlauf von f bei Thermometer Nr. 3 in Abbildung 6.4. Dies hängt mit der nach hinten thermisch isolierten Bauform des Thermometers zusammen.

$$f = \frac{b^*}{b} = \frac{t_x^*}{t_x} \tag{6.2}$$

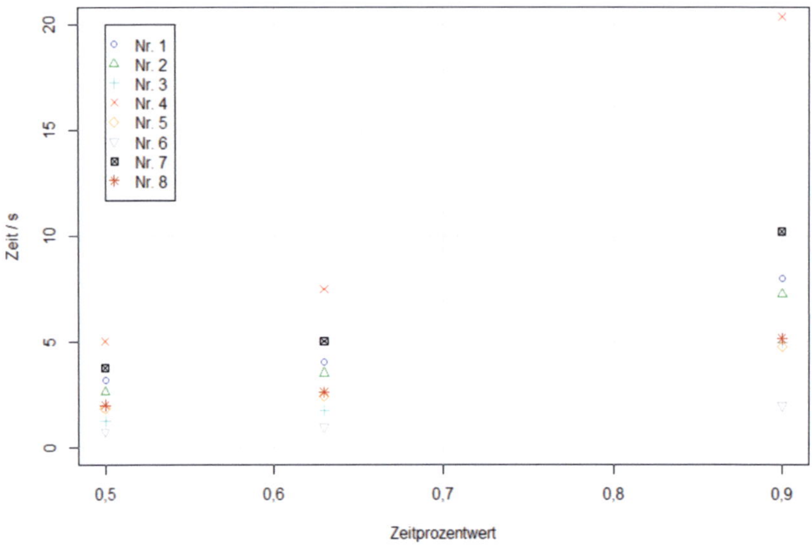

Abbildung 6.2: Durch einen äußeren Temperatursprung bestimmte Ansprechzeiten der in Abbildung 6.1 gezeigten Thermometer (unter Verwendung des Versuchsaufbaus aus Kapitel 4.3).

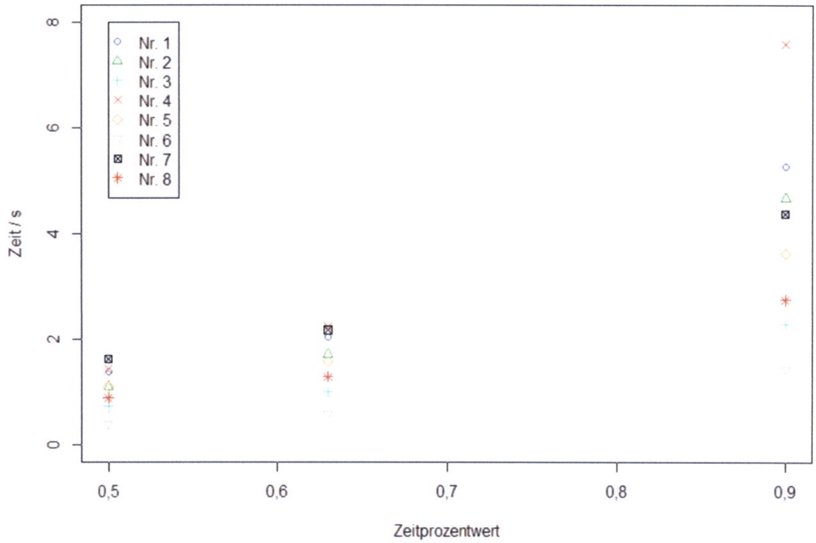

Abbildung 6.3: Durch einen LCSR-Test bestimmte Ansprechzeiten der in Abbildung 6.1 gezeigten Thermometer (unter Verwendung des Versuchsaufbaus aus Kapitel 4.3).

Thermometer	**Äußerer Temperatursprung**			**LCSR-Test**		
	$t_{0,5}$	$t_{0,63}$	$t_{0,9}$	$t_{0,5}$	$t_{0,63}$	$t_{0,9}$
Nr. 1	3,15 s	4,05 s	7,96 s	1,38 s	2,03 s	5,26 s
Nr. 2	2,63 s	3,51 s	7,25 s	1,10 s	1,71 s	4,67 s
Nr. 3	1,26 s	1,73 s	4,93 s	0,72 s	0,99 s	2,28 s
Nr. 4	5,03 s	7,49 s	20,36 s	1,42 s	2,23 s	7,58 s
Nr. 5	1,84 s	2,41 s	4,76 s	1,10 s	1,57 s	3,61 s
Nr. 6	0,73 s	0,96 s	1,96 s	0,39 s	0,58 s	1,43 s
Nr. 7	3,76 s	5,01 s	10,23 s	1,62 s	2,17 s	4,37 s
Nr. 8	1,99 s	2,59 s	5,14 s	0,88 s	1,28 s	2,74 s

Tabelle 6.4: Durch einen äußeren Temperatursprung und einen LCSR-Test bestimmte Ansprechzeiten der in Abbildung 6.1 gezeigten Thermometer (unter Verwendung des Versuchsaufbaus aus Kapitel 4.3).

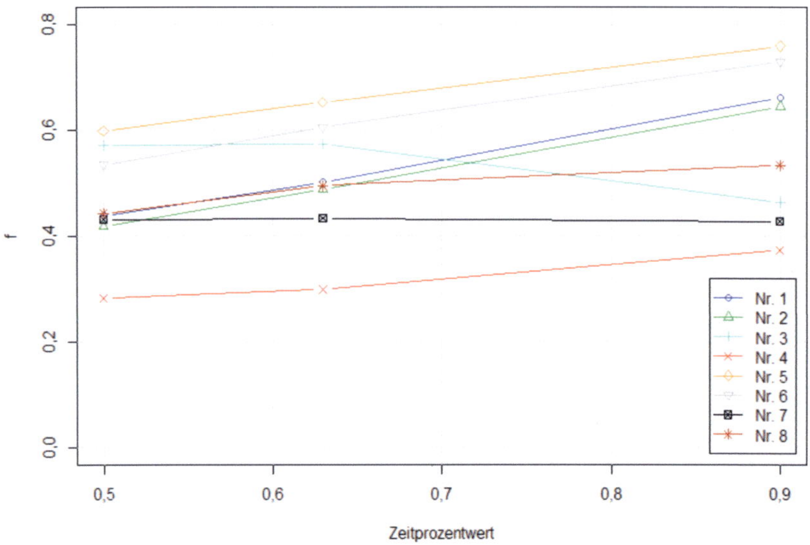

Abbildung 6.4: Umrechnungsfaktor f über unterschiedliche Zeitprozentwerte für die in Abbildung 6.1 gezeigten Thermometer (mit dem in Kapitel 4.3 gezeigten Versuchsaufbau bestimmt).

Wird ein mittlerer Umrechnungsfaktor $\overline{f}$ bestimmt und werden über diesen die Zeitprozentwerte für die Sprungantwort im Versuchsaufbau zur Bestimmung der Ansprechzeit ermittelt, so ergeben sich die Diagramme in Abbildung 6.5 für Thermometer Nr. 2 und Abbildung 6.6 für Thermometer Nr. 5. Es ist zu sehen, dass die Ergebnisse recht gut zu den Messergebnissen passen. Zu Abweichungen kann es jedoch vor allem bei der Berechnung von $t_{0,9}$ kommen. Zudem passen die Ergebnisse der Berechnung bei dem schnell ansprechenden direct short Thermometer (Nr. 5) besser zu den Messergebnissen als bei dem etwas langsamer ansprechenden Wärmemengenzähler-Thermometer (Nr. 2).

Für die ermittelten Umrechnungsfaktoren gilt zudem generell $f < 1$. Daran lässt sich erkennen, dass der LCSR-Test generell eine kleinere Ansprechzeit als ein äußerer Temperatursprung liefert.

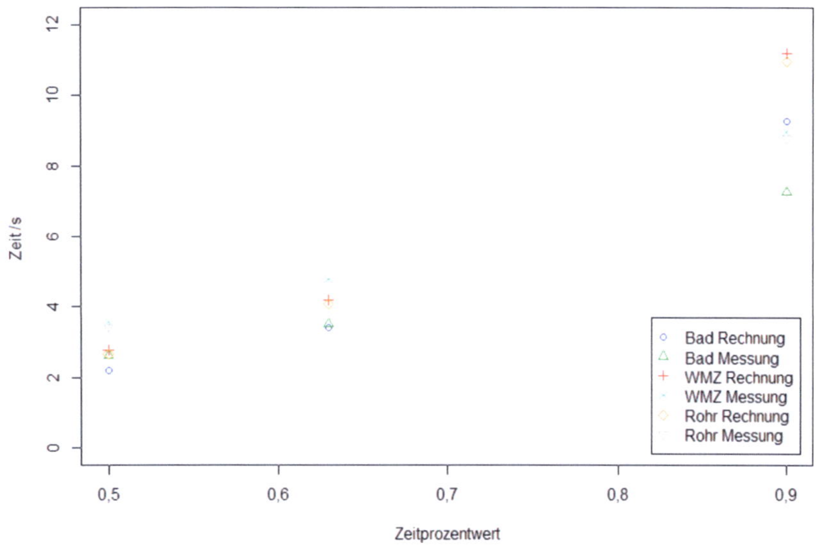

Abbildung 6.5: Vergleich von Berechnung mithilfe von f und Messung mithilfe eines äußeren Temperatursprungs zur Bestimmung des dynamischen Verhaltens für ein Wärmemengenzähler-Thermometer (Nr. 2).

6.3 Darstellung von Sprungantworten als RC-Ketten-Modell

Zur Analyse des dynamischen Verhaltens von Thermometern werden Thermometer-Sprungantworten eingesetzt. Das Gauß-Newton-Verfahren [93] erweitert das Newton-Verfahren [82] und bietet eine effektive Möglichkeit zur Annäherung von Thermometer-Sprungantworten in Form eines RC-Modells 2. Ordnung an Messdaten [24] [29] [30] (siehe Kapitel 3.7.2). Eine weitere Möglichkeit bieten hier genetische Ansätze, wie der Differential-Evolution-Algorithmus [50] [121], die weniger Vorwissen benötigen, dafür aber einen höheren Zeitbedarf haben. Nachfolgend werden Messungen mit an die Messungen angenäherten RC-Modellen verglichen.

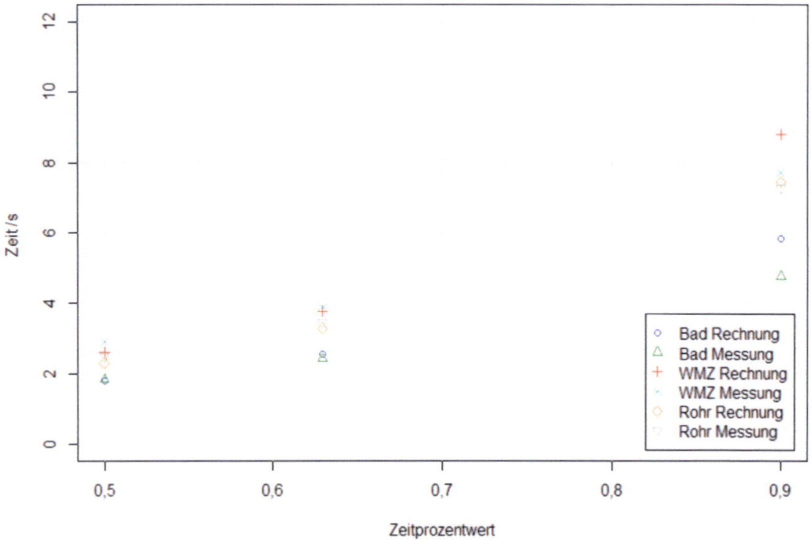

Abbildung 6.6: Vergleich von Berechnung mithilfe von f und Messung mithilfe eines äußeren Temperatursprungs zur Bestimmung des dynamischen Verhaltens für einen direct short Thermometer (Nr. 5).

Die durch einen äußeren Temperatursprung ermittelte normierte Sprungantwort eines in Abbildung 6.7 gezeigten Widerstandsthermometers ist in Abbildung 6.8 dargestellt. Der Temperatursprung von etwa 15 K wurde durch das plötzliche Eintauchen des Thermometers in ein beheiztes und gerührtes Wasserbad herbeigeführt (siehe Kapitel 4.3). In Abbildung 6.8 ist zudem die, mithilfe des Gauß-Newton-Verfahrens ermittelte, normierte Sprungantwort des Thermometers aus Abbildung 6.7 als RC-Modells 2. Ordnung dargestellt. Zum Vergleich ist die Differenz der approximierten und der gemessenen normierten Sprungantwort als Abweichung dargestellt. Die Sprungantwort $t_{0,9}$ beträgt bei der Ermittlung aus den Messwerten 7,74 s und bei Ermittlung aus der approximierten Sprungantwort 7,63 s. Eine Ermittlung der Sprungantwort mithilfe des Differential-Evolution-Algorithmus führt zum gleichen

Ergebnis wie das Gauß-Newton-Verfahren ($\tau_1 = 2{,}47\,\mathrm{s}$ und $\tau_2 = 1{,}41\,\mathrm{s}$), benötigt jedoch keine Startwerte, dafür aber in der Regel wesentlich mehr Rechenzeit (siehe Tabelle 6.5). Die Rechenzeit, die der Differential-Evolution-Algorithmus exakt benötigt, ist dabei im Wesentlichen durch den Zufall bestimmt.

Die für das Gauß-Newton-Verfahren benötigten partiellen Ableitungen der Gleichungen für die unterschiedlichen RC-Modelle sind in Anhang B aufgeführt. Dort sind auch die benötigten Startwerte für ein RC-Modell 2. Ordnung für unterschiedliche Thermometertypen aufgelistet. Bei Nutzung eines RC-Modells 1. Ordnung, kann als Startwert $\tau = t_{0,63}$ verwendet werden. Die Ansprechzeit $t_{0,63}$ kann einfach aus den Messdaten ermittelt werden. Eine mögliche Optimierung besteht in der Kombination der beiden Verfahren. Das Gauß-Newton-Verfahren kann zur Approximation und der Differential-Evolution-Algorithmus zur Suche der Startwerte genutzt werden. Eine weitere Möglichkeit liegt darin, den Levenberg-Marquardt-Algorithmus [35] zur Approximation zu nutzen. Dieser Algorithmus ist robuster als das Gauß-Newton-Verfahren. Jedoch ist der Levenberg-Marquardt-Algorithmus auch etwas langsamer als dieses.

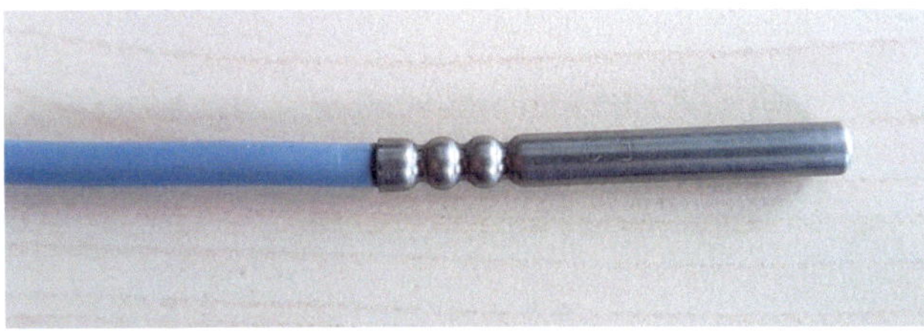

Abbildung 6.7: Thermometer für den Einbau in Wärmemengenzähler mit einem Durchmesser von 5,2 mm und einer Länge von 45 mm (Pt100).

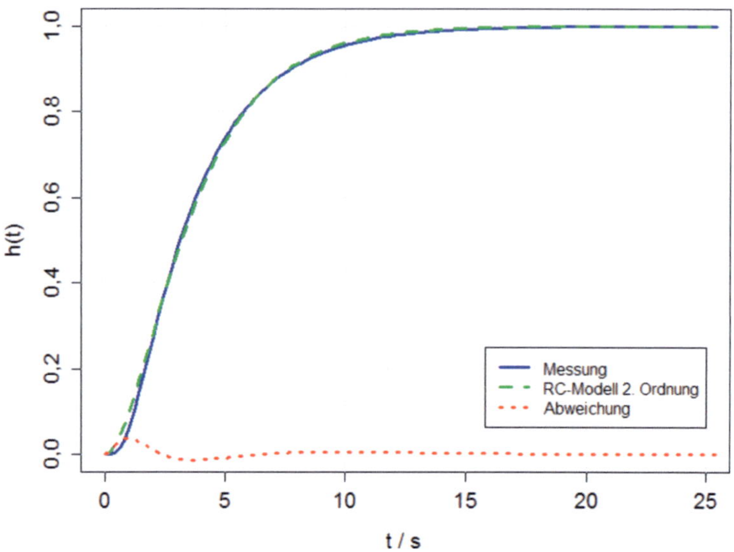

Abbildung 6.8: Vergleich von Messung und Approximation der normierten Sprungantwort eines Thermometers mit einem Durchmesser von 5,2 mm bei voll eingetauchtem Thermometer. Ausgangsbasis für die approximierte Darstellung ist ein RC-Modell 2. Ordnung (siehe Kapitel 3.7.2).

Das Thermometer wird beim Ermitteln der Ansprechzeit voll abgetaucht. Eine Wärmeableitung an die anders temperierte Umgebung kann so vernachlässigt werden. Wird das Thermometer lediglich 5 mm abgetaucht, so spielt auch die Wärmeableitung eine nicht vernachlässigbare Rolle. Abbildung 6.9 zeigt, dass es nach einem anfänglichem Temperatursprung, zu einem langsamen Annähern der Temperatur an den Endwert kommt.

Eine Möglichkeit die Abweichung des an die Messung angenäherten Modells in diesem Fall etwas zu verringern, ist die Verwendung eines RC-Modells 2. Ordnung mit Vorhaltzeitkonstante τ_V, wie in Kapitel 3.7.2 beschrieben (siehe Abbildung 6.10). Die Messung ergibt eine Ansprechzeit von $t_{0,9} = 11{,}90\,\mathrm{s}$. Bei Verwendung des RC-Modells 2. Ordnung kommt es zu einer Ansprechzeit $t_{0,9}$ von 12,28 s. Durch die zusätzliche Verwendung von τ_V ergibt sich nun eine Ansprechzeit $t_{0,9}$ von 12,30 s.

Die durch die geringe Eintauchtiefe erhöhte Wärmeableitung vergrößert somit die Ansprechzeit deutlich. Auf die Abweichung des an die Messung angenäherten Modells, bei Verwendung eines RC-Modells 2. Ordnung für Thermometer im Bereich der Wärmemengenzähler, hat sie aber wenig Einfluss. Eine weitere Optimierung der Abweichung ist durch die Verwendung von RC-Modellen höherer Ordnung möglich. Denkbar ist beispielsweise ein RC-Modell 3. Ordnung mit Vorhaltzeitkonstante [20].

Methode	**RC-Modell 2. Ord.**		**RC-Modell 2. Ord. mit τ_V**	
	$\bar{t}$	σ	$\bar{t}$	σ
Gauß-Newton	0,049 s	0,006 s	0,054 s	0,007 s
Differential-Evol.	1,575 s	0,579 s	2,990 s	1,074 s

Tabelle 6.5: Durchschnittliche Rechenzeiten $\bar{t}$ der untersuchten Algorithmen zur Approximation von RC-Ketten-Modellen anhand von Messdaten. Zur Berechnung wurde ein PC mit Intel Core I7-3770 (3,4 GHz) Prozessor, 4 GB RAM (Random-Access Memory) und Windows 7 Professional 64 bit verwendet (zur Softwarebasis der Untersuchung siehe A. Brethauer [24]). Für jeden Mittelwert wurden 10 Berechnungen durchgeführt.

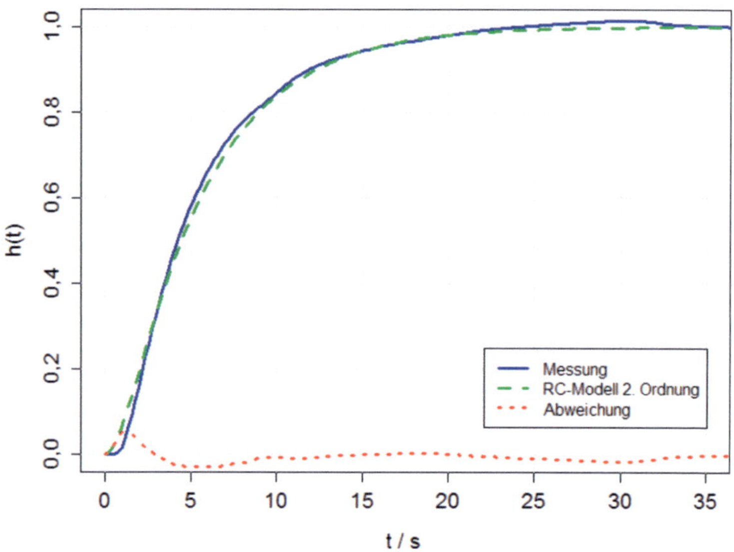

Abbildung 6.9: Vergleich von Messung und Approximation der normierten Sprungantwort eines Thermometers mit einem Durchmesser von 5,2 mm bei einer Eintauchtiefe des Thermometers von 5 mm. Ausgangsbasis für die approximierte Darstellung ist ein RC-Modell 2. Ordnung (siehe Kapitel 3.7.2).

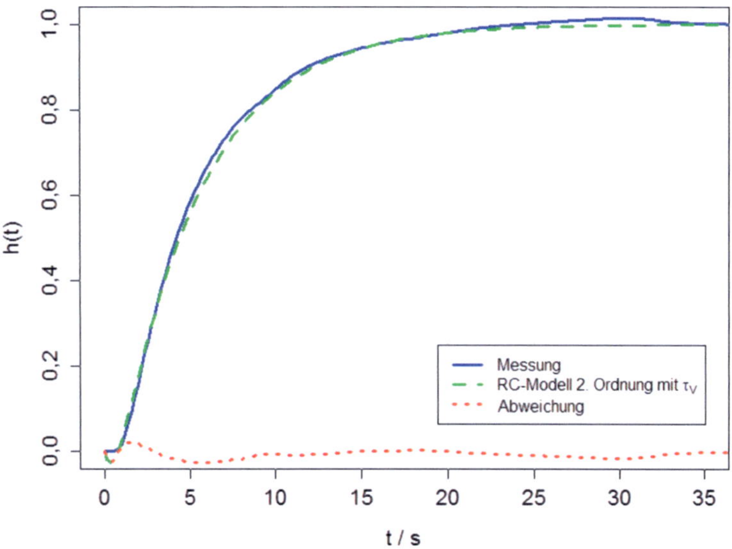

Abbildung 6.10: Vergleich von Messung und Approximation der normierten Sprungantwort eines Thermometers mit einem Durchmesser von 5,2 mm bei einer Eintauchtiefe des Thermometers von 5 mm. Die Ausgangsbasis für die approximierte Darstellung ist ein RC-Modell 2. Ordnung mit Vorhaltzeitkonstante τ_V (siehe Kapitel 3.7.2).

7 Einfluss unterschiedlicher Medien auf die Temperaturmessung

Nicht immer wird bei der Wärme- bzw. Kälteübertragung Wasser als Wärmeträger eingesetzt. In der Solarthermie kommt beispielsweise zumeist ein Wasser-Glykol-Gemisch zum Einsatz. Die physikalischen Eigenschaften eines solchen Gemisches weichen hinsichtlich Dichte, Viskosität, spezifischer Wärmekapazität und Wärmeleitfähigkeit von Wasser ab. J. F. March [87] und F. Adunka [3] zeigen, dass dies zu veränderten Messbedingungen und -abweichungen beim Bestimmen der entnommenen Wärmemenge führt. Nachfolgend werden Untersuchungen in Kooperation mit der Physikalisch Technischen Bundesanstalt (PTB) gezeigt, in denen es um den Einfluss auf die Temperaturmessung in diesem Zusammenhang auf die Temperaturmessung geht.

7.1 Untersuchungsmethodik

7.1.1 Untersuchung des Einflusses auf die Temperaturmessung

Um den Einfluss von Wasser-Glykol-Gemischen auf die Messabweichung bei der Temperaturmessung in der Wärmeverbrauchsmessung zu bestimmen, wurden die in Tabelle 7.1 gezeigten Medien in dem in Kapitel 4.2 beschriebenen Strömungskanal für Asymmetriemessungen untersucht. Der Wärmeableitfehler wurde bei einer Temperatur von 35 °C, 60 °C und 85 °C jeweils bei einem Durchfluss von 15 l/h, 30 l/h, 60 l/h, 120 l/h und 220 l/h untersucht. Die dabei verwendeten Thermometer sind in Abbildung 7.1 dargestellt.

Glykol	**Basis**	**Mischverhältnis**
Tyfocor LS	Propylenglykol	Fertigmischung
Antifrogen Sol HT	höher siedende Glykole	Fertigmischung
Tyfocor L	Propylenglykol	25 %
		30 %
		40 %
Antifrogen N	Ethylenglykol	20 %
		30 %
		40 %

Tabelle 7.1: Liste der untersuchten Medien [8] [9] [114] [115].

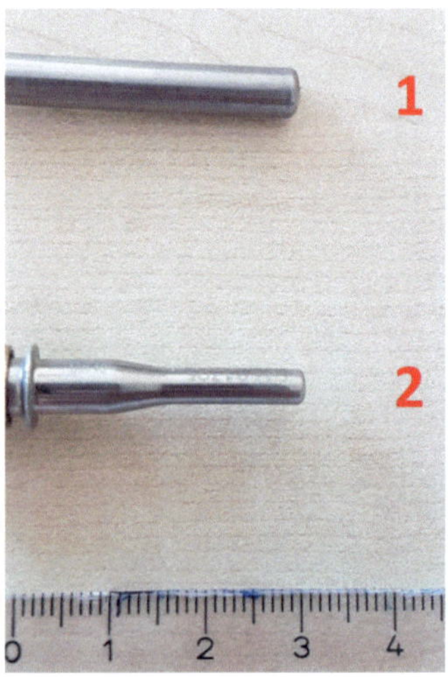

Abbildung 7.1: Verwendete Thermometer: 1. Durchmesser $D = 5{,}2\,\text{mm}$; 2. konisch mit einem vorderen Durchmesser von $D = 4{,}0\,\text{mm}$ (direct short).

Um auch einen Eindruck auf die Auswirkung des verwendeten Mediums auf die Ansprechzeit eines Thermometers nach VDI/VDE 3522 [119] zu bekommen, wurden für Wasser sowie für die Fertigmischungen und die 40%-Mischverhältnisse der in Tabelle 7.1 aufgeführten Medien auch die Ansprechzeiten $t_{0,5}$, $t_{0,63}$ und $t_{0,9}$ in der in Kapitel 4.3 dargestellten Prüfeinrichtung, bei einem Temperatursprung von ca. 15 K, ermittelt. Zur besseren Darstellung wurden hier auch τ_1 und τ_2 für das in Kapitel 3.7.2 gezeigte RC-Modell 2. Ordnung ermittelt.

7.1.2 Messung des Wärmeübergangs vom Medium auf das Thermometer

Interessant erscheint auch die Beeinflussung des Wärmeübergangs vom Medium zum Thermometer durch das verwendete Medium. Hierzu wurde im Auftrag der European Metrology Association for Thermal Energy Measurement (EMATEM) von der electrotherm Gesellschaft für Sensorik und thermische Meßtechnik mbH der in Abbildung 7.2 dargestellte Doppelwendel-Sensor angefertigt. Dieser besteht aus zwei gewickelten Platindrähten in einem Glasröhrchen. Wird nun ein Draht mithilfe einer konstanten elektrischen Leistung beheizt und an dem anderen Draht der elektrische Widerstand gemessen, so kann eine Aussage über den thermischen Widerstand getroffen werden.

$$\Delta T = T_\mathrm{S} - T_\mathrm{M} = R_\mathrm{g}\dot{Q} = (R_\lambda + R_\alpha)\dot{Q} \tag{7.1}$$

ΔT Temperaturdifferenz zwischen Sensor und Medium
T_S Temperatur des Sensors
T_M Temperatur des Mediums
R_g thermischer Gesamtwiderstand
$\dot{Q}$ Wärmestrom
R_λ Wärmeleitungswiderstand
R_α konvektiver Widerstand

Durch den Vergleich dieser Messung unter der Verwendung von Wasser mit der Verwendung eines beliebigen anderen Mediums, bei gleich bleibenden Thermometer, kann nun eine Aussage über den Wärmeübergang bei einem beliebigen Medium im Vergleich zu Wasser gelingen.

$$\Delta T_{\mathrm{W}} - \Delta T_{\mathrm{P}} = (R_{\lambda} + R_{\alpha,\mathrm{W}})\dot{Q} - (R_{\lambda} + R_{\alpha,\mathrm{P}})\dot{Q} \tag{7.2}$$

$$\frac{\Delta T_{\mathrm{W}} - \Delta T_{\mathrm{P}}}{\dot{Q}} = \frac{T_{\mathrm{S,W}} - T_{\mathrm{S,P}}}{\dot{Q}} = R_{\alpha,\mathrm{W}} - R_{\alpha,\mathrm{P}} \tag{7.3}$$

$$\boxed{\frac{1}{\alpha_{\mathrm{W}}} - \frac{1}{\alpha_{\mathrm{P}}} = \frac{A(T_{\mathrm{S,W}} - T_{\mathrm{S,P}})}{\dot{Q}}} \tag{7.4}$$

ΔT_{W}	ΔT bei Wasser
ΔT_{P}	ΔT bei Prüfmedium
$R_{\alpha,\mathrm{W}}$	R_{α} bei Wasser
$R_{\alpha,\mathrm{P}}$	R_{α} bei Prüfmedium
$T_{\mathrm{S,W}}$	T_{S} bei Wasser
$T_{\mathrm{S,P}}$	T_{S} bei Prüfmedium
A	angeströmte Fläche
α_{W}	Wärmeübergangskoeffizient bei Wasser
α_{P}	Wärmeübergangskoeffizient bei Prüfmedium

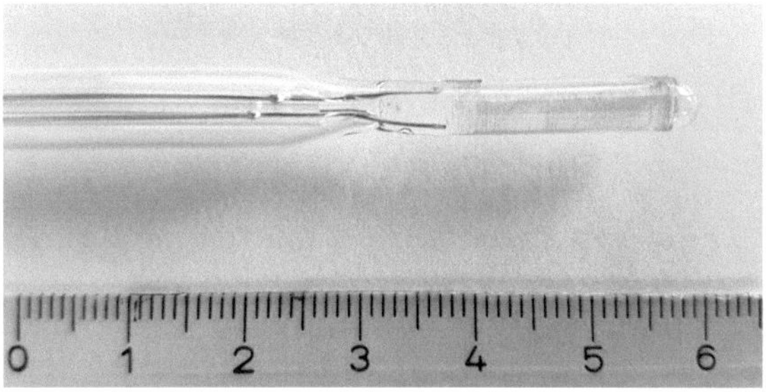

Abbildung 7.2: Doppelwendel-Sensor zur Messung des Wärmeübergangs.

Praktisch relevant ist jedoch vor allem eine Darstellung von ΔT in Abhängigkeit von der Strömungsgeschwindigkeit v. So kann eine nötige Änderung der Strömungsgeschwindigkeit abgelesen werden, um bei einem beliebigen Medium ΔT von Wasser zu erreichen. Theoretisch kann dies mithilfe von Gleichung 7.6 dargestellt werden.

$$\Delta T = \dot{Q}\left(R_\lambda + \frac{1}{A\alpha}\right) \tag{7.5}$$

$$\boxed{\alpha = \frac{Nu\lambda_F}{D} = \frac{1}{A\left(\Delta T/\dot{Q} - R_\lambda\right)}} \tag{7.6}$$

Eine Näherung für die Nußelt-Zahl querangeströmter Zylinder kann nach Gnielinski (siehe Kapitel 3.5.2) erfolgen. Mithilfe des Zusammenhangs $Re = \frac{v\rho D}{\eta}$ gelingt nun eine Verknüpfung der Temperaturdifferenz ΔT mit der Strömungsgeschwindigkeit v.

Für die messtechnische Bestimmung von ΔT wird eine elektrische Leistung zum Heizen von $P = 122{,}5\,\mathrm{mW}$ vorgegeben. Um die Leistung an dem Platin-Messwiderstand R_M des Sensors (elektrischer Widerstand bei Bezugstemperatur $R_0 = 100\,\Omega$) möglichst konstant zu halten, wird diesem ein elektrischer

Widerstand in Reihe zugeschaltet, der einen möglichst konstanten elektrischen Widerstand von $R_V = R_0 = 100\,\Omega$ aufweist. Durch Anlegen einer konstanten elektrischen Spannung U an der Reihenschaltung fällt nun am Platin-Messwiderstand die in etwa konstante Leistung von $P = 122{,}5\,\mathrm{mW}$ ab.

$$\dot{Q} = P = \frac{U^2 R_M}{(R_M + R_0)^2} \tag{7.7}$$

Untersucht wird der beschriebene Sensor in Wasser, Antifrogen N (40 %-Mischverhältnis) und Tyfocor L (40 %-Mischverhältnis) bei jeweils 20 °C, 40 °C und 60 °C. Die jeweils verwendeten Strömungsgeschwindigkeiten betragen 0,1 m/s, 0,2 m/s, 0,4 m/s und 0,6 m/s. Zur Verwendung kommt hierbei die in Kapitel 4.3 gezeigte Prüfeinrichtung.

7.2 Der Einfluss von Wasser-Glykol-Gemischen

Abbildung 7.3 zeigt die Wärmeableitung bei der Verwendung von Wasser im Strömungskanal (Abbildung 4.3). In Abbildung 7.4 sind die Ergebnisse bei der Verwendung wesentlicher Glykole dargestellt. Verwendet wurde hier das direct short Thermometer (siehe Abbildung 7.1). In den Abbildungen ist der Bereich ab 60 l/h mit einer grünen Linie dargestellt. Dies markiert den für die Solarthermie üblichen Bereich. Bei den Messungen bei 15 l/h und 30 l/h treten erkennbar hohe Ungenauigkeiten auf. Dies lässt sich mit dem Übergang von einer turbulenten zu einer laminaren Strömung in dem Bereich niedriger Strömungsgeschwindigkeiten erklären. Bei der Verwendung von Antifrogen N 40% konnte bei 35 °C, aufgrund der hohen Viskosität, nur bis zu einem Durchfluss von 170 l/h gemessen werden. Weiterhin ist bei allen verwendeten Medien ein zu erwartendes Ansteigen der Wärmeableitung mit steigender Temperatur des Mediums zu erkennen.

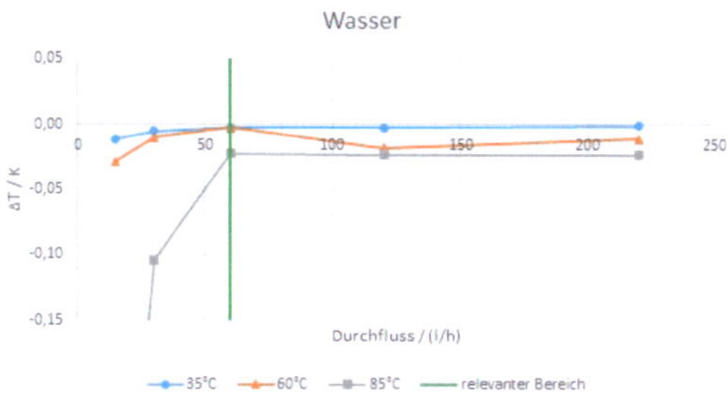

Abbildung 7.3: Wärmeableitung bei der Verwendung von Wasser. Gemessen wurde bei einer Temperatur von 35 °C, 60 °C und 85 °C.

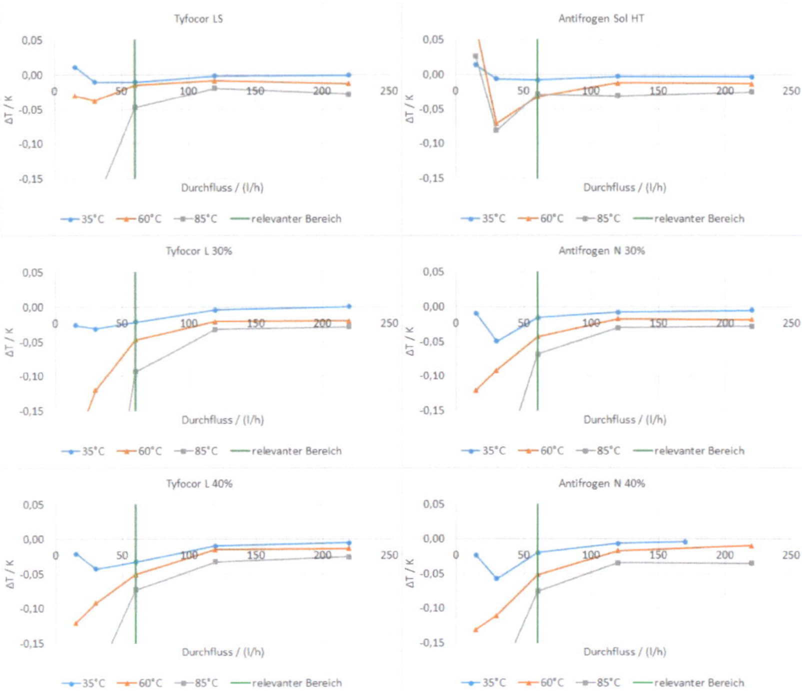

Abbildung 7.4: Wärmeableitung bei der Verwendung unterschiedlicher Medien. Gemessen wurde bei einer Medientemperatur von 35 °C, 60 °C und 85 °C.

Der Vergleich wesentlicher Glykole mit Wasser, bezüglich ihrer Wärmeableitung, kann Abbildung 7.5 entnommen werden. Es ist zu erkennen, dass es für den Bereich ab 60 l/h keine wesentlichen Unterschiede gibt (< 75 mK). Ab 120 l/h kann der Wärmeableitfehler für die Praxis vernachlässigt werden.

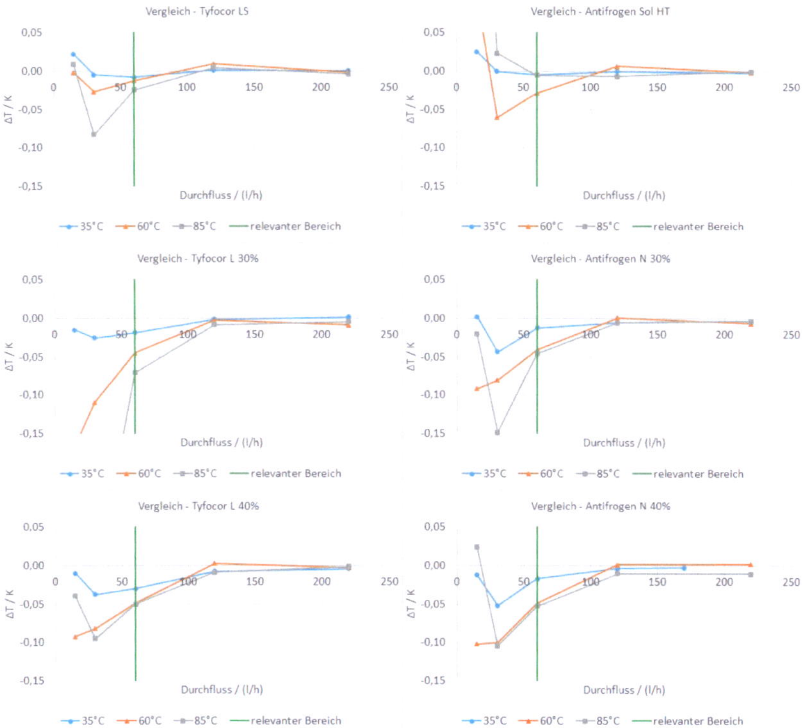

Abbildung 7.5: Wärmeableitung bei der Verwendung unterschiedlicher Medien im Vergleich zu Wasser ($\Delta T = \Delta T_{\text{Glykol}} - \Delta T_{\text{Wasser}}$). Gemessen wurde bei einer Medientemperatur von 35 °C, 60 °C und 85 °C.

Die Auswirkung auf das Ansprechverhalten, bei der Verwendung von Glykolen, kann Abbildung 7.6 sowie Tabelle 7.2 und 7.3 entnommen werden. Es ist zu erkennen, dass die Verwendung von Glykolen das Ansprechverhalten deutlich verschlechtert. Der Unterschied der einzelnen Wasser-Glykol-Mischungen untereinander ist hingegen nur gering.

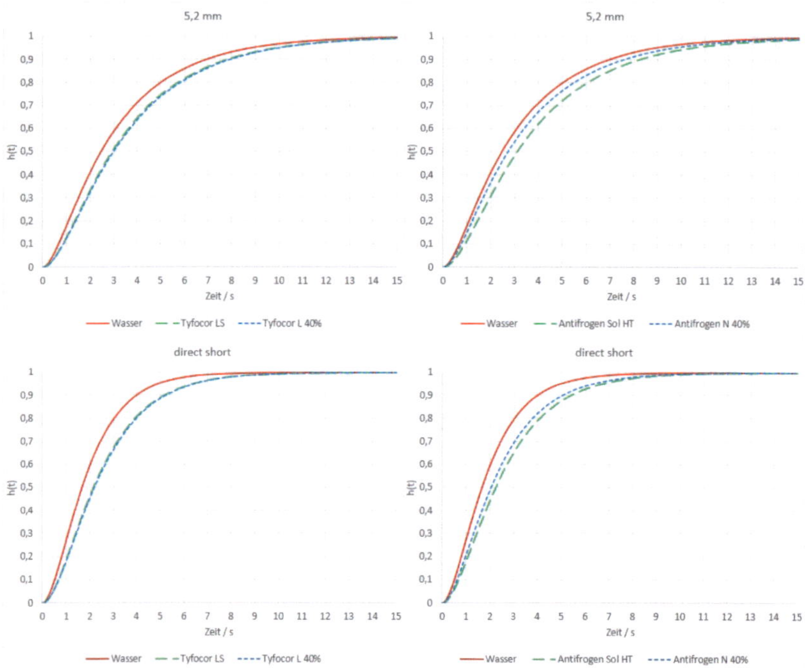

Abbildung 7.6: Vergleich der normierten Ansprechzeiten in unterschiedlichen Medien für ein Thermometer mit einem Durchmesser von 5,2 mm und ein konisch verlaufendes Thermometer mit einem Durchmesser von 4,0 mm an seinem vorderen Ende (direct short).

Medium	$t_{0,5}$	$t_{0,63}$	$t_{0,9}$	τ_1	τ_2
Wasser	2,45 s	3,31 s	6,99 s	2,78 s	0,49 s
Tyfocor LS	2,91 s	3,86 s	7,87 s	3,02 s	0,76 s
Tyfocor L 40%	2,98 s	3,93 s	8,00 s	3,07 s	0,78 s
Antifrogen Sol HT	3,08 s	4,07 s	8,23 s	3,12 s	0,85 s
Antifrogen N 40%	2,70 s	3,62 s	7,56 s	2,98 s	0,59 s

Tabelle 7.2: Vergleich des dynamischen Verhaltens eines Thermometers mit einem Durchmesser von 5,2 mm in unterschiedlichen Medien anhand der Ansprechzeiten $t_{0,5}$, $t_{0,63}$ und $t_{0,9}$, sowie τ_1 und τ_2 (siehe Gleichung 3.67).

Medium	$t_{0,5}$	$t_{0,63}$	$t_{0,9}$	τ_1	τ_2
Wasser	1,63 s	2,10 s	4,03 s	1,31 s	0,70 s
Tyfocor LS	2,11 s	2,71 s	5,22 s	1,72 s	0,88 s
Tyfocor L 40%	2,15 s	2,75 s	5,28 s	1,71 s	0,94 s
Antifrogen Sol HT	2,20 s	2,82 s	5,45 s	1,80 s	0,92 s
Antifrogen N 40%	2,01 s	2,60 s	5,06 s	1,77 s	0,75 s

Tabelle 7.3: Vergleich des dynamischen Verhaltens eines konisch verlaufenden Thermometers mit einem Durchmesser von 4,0 mm am vorderen Ende (direct short) in unterschiedlichen Medien anhand der Ansprechzeiten $t_{0,5}$, $t_{0,63}$ und $t_{0,9}$, sowie τ_1 und τ_2 (siehe Gleichung 3.67).

7.3 Untersuchung des Doppelwendel-Sensors

Abbildung 7.7 zeigt den berechneten Verlauf der Temperaturerhöhung im Doppelwendel-Sensor in Abhängigkeit von der Strömungsgeschwindigkeit. Es zeigt sich eine deutlich höhere Temperatur bei der Verwendung von Glykolen als Medium, was auf einen schlechteren Wärmeübergang schließen lässt. Die unterschiedlichen Glykolmischungen liegen jedoch sehr dicht beieinander. Für eine bessere messtechnische Unterscheidung kann hier eine höhere Heizleistung Abhilfe schaffen.

Es kann nun, durch Verschiebung auf der x-Achse, die nötige Erhöhung der Strömungsgeschwindigkeit bei der Verwendung von Glykolen ermittelt werden, um die Wärmeübergangsbedingungen von Wasser zu erhalten. Dies ermöglicht z. B. die Anpassung einer Prüfeinrichtung an die Wärmeübergangsbedingungen von Glykolen, ohne das Medium (beispielsweise Wasser) wechseln zu müssen. Es ist jedoch zu beachten, dass die Wärmeübergangsbedingungen auch von der Thermometergeometrie abhängen. Eine weitere Anwendungsmöglichkeit liegt im Vermessen der Homogenität der Wärmeübertragungsbedingungen in Bädern, was gerade beim Kalibrieren von Thermometern hilfreich sein kann (siehe dazu DIN EN 1434 [38]).

Ein Vergleich des theoretischen Verlaufs mit den Messungen ist ebenfalls in Abbildung 7.7 dargestellt. Es zeigt sich, dass Theorie und Praxis hier gut übereinstimmen. Passend zu dem theoretischen Verlauf, ist zudem zu beobachten, dass die gemessene Temperaturerhöhung im Doppelwendel-Sensor unabhängig von der Temperatur des Mediums ist.

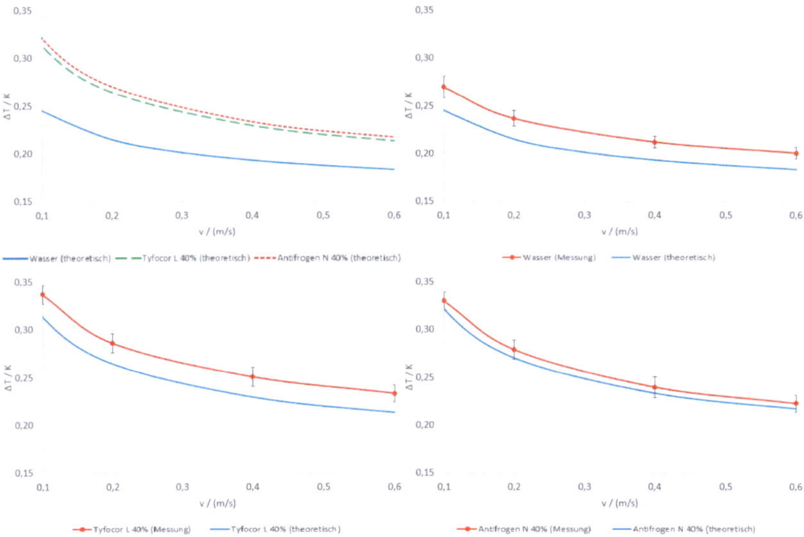

Abbildung 7.7: Theoretischer Verlauf des Temperaturanstiegs im Doppelwendel-Sensor in Abhängigkeit von der Strömungsgeschwindigkeit im Vergleich zu Messergebnissen.

8 Ein für niedrige Eintauchtiefen optimiertes Thermometer

8.1 FEM-Wärmemengenzähler-Modell

Mit der FEM können die Auswirkungen von Änderungen an der Konstruktion besser abgeschätzt werden (siehe hierzu auch Kapitel 3.9). Die FEM benötigt für eine gute Vorhersage der Vorgänge jedoch auch ein entsprechend gutes Modell. Im Folgenden wird ein Modell für einen Wärmemengenzähler vorgestellt. Das Modell ermöglicht die Entwicklung und Optimierung von Thermometern für die Wärmeverbrauchsmessung und ist Ausgangspunkt für das im weiteren Verlauf beschriebene, für niedrige Eintauchtiefen optimierte, Thermometerkonzept. Besonderes Augenmerk liegt dabei auf der Vorhersage von Thermometerkennwerten, wie Wärmeableitfehler und Ansprechzeit, wie sie zum Vergleich von Thermometern in der DIN EN 1434 [38] und der DIN EN 60751 [41] beschrieben sind.

Möglich sind aber auch die Optimierungen dieser Parameter durch konstruktive Optimierung. Dies kann z. B. algorithmisch geschehen, was ein klassisches Optimierungsproblem ist. Hierfür stehen eine Vielzahl Algorithmen zur Verfügung. Dabei scheiden solche aus, für die eine Funktionsableitung benötigt wird, da für das vorliegende Problem in der Regel weder eine Ausgangsfunktion noch deren Ableitung bekannt ist. Ausscheiden müssen auch die Brute-Force-Methode und genetische Ansätze, da diese in der Regel sehr viele Funktionsaufrufe benötigen. Die Anzahl der Funktionsaufrufe ist der kritische Punkt bei der vorliegenden Problemstellung. Ein einzelner Simulationsaufruf kann viel Zeit in Anspruch nehmen und die gesamte Optimierung kann so schnell extrem viel Zeit in Anspruch nehmen. Unter den verbleibenden Algorithmen scheinen Ansätze wie z. B. Design of Experiment oder die Suche des Optimums nach Hooke-Jeeves [64] besonders sinnvoll. Begründen lässt sich dies mit der geringen Wachstumsrate der Funktionsaufrufe $O(n)$ [81]. Hier bieten die gängigen FEM-Softwarepakete (Ansys, COMSOL, etc.) dem Nutzer bereits umfangreiche Werkzeuge zur Anwendung von Optimierungsalgorithmen an, sodass eine eigene Entwicklung von Algorithmen nicht erforderlich ist.

8.1.1 Das Modell

Für die Simulation wurde Ansys AIM 18.2 verwendet. Die Erstellung des CAD-Modells wurde in SpaceClaim durchgeführt. Abbildung 8.1 zeigt das CAD-Modell des Wärmemengenzählers und Abbildung 8.2 seine Vernetzung. Die Daten des Wärmemengenzählers sind in Tabelle 8.1 aufgeführt, die des darin eingebauten Thermometers in der Tabelle 8.2.

Das Modell wurde dahingehend vereinfacht, dass der Deckel des Wärmemengenzählers als einfacher Kunststoffdeckel angenommen wurde. Die in der Realität darin verbaute Elektronik wurde vernachlässigt. Außerdem wurde auch das Flügelrad, welches zur Durchflussmessung eingesetzt wird, vernachlässigt. Der Sensor im Thermometer wurde zudem als Platinblock angenommen. Die Keramikschicht des Sensors wurde also beispielsweise vernachlässigt. Weiterhin wurde die im Thermometer verbaute Trägerplatine für den Sensor nicht modelliert, sondern durch die Modellierung von Anschlusslitzen vereinfacht, deren Wärmeleitfähigkeit nach Gleichung 8.1 angepasst wurde. Die äquivalente Wärmeleitfähigkeit $\lambda_{\text{äq,L}}$ entsteht durch das Gleichsetzen der Leitwerte von Leiterbahn und Anschlusslitze und das Umstellen nach der Wärmeleitfähigkeit des Anschlusslitzenmaterials λ_{AL}.

$$\lambda_{\text{äq,L}} = \lambda_{\text{AL}} = \frac{\lambda_{\text{LB}} A_{\text{LB}} L_{\text{AL}}}{L_{\text{LB}} A_{\text{AL}}} \tag{8.1}$$

λ_{LB} Wärmeleitfähigkeit des Leiterbahnmaterials
A_{LB} Querschnittfläche der Leiterbahn
L_{AL} Länge der Anschlusslitze
L_{LB} Länge der Leiterbahn
A_{AL} Querschnittfläche der Anschlusslitze

Bei der Berechnung wurde zudem die Schwerkraft vernachlässigt, da diese bei den hier verwendeten Durchflussraten einen vernachlässigbaren Einfluss hat. Als Turbulenzmodell wurde das Reynolds averaged NS Modell verwendet.

Die Eigenschaften der aufgeführten Materialien wurden dem VDI-Wärmeatlas [118] entnommen. Von Interesse sind hier die Wärmeleitfähigkeit λ, die Dichte ρ und die spezifische Wärmekapazität c_p. Für die Vernetzung wurden die in Tabelle 8.3 aufgelisteten Parameter verwendet. Für die Festlegung der Randbedingungen wurden die in Tabelle 8.4 aufgelisteten Parameter verwendet.

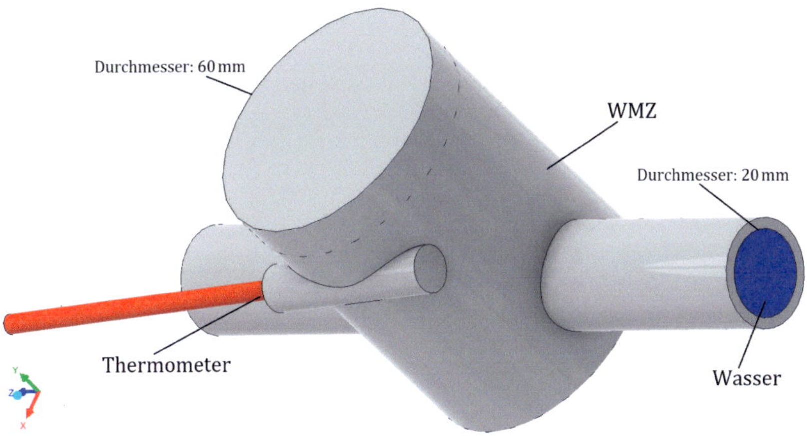

Abbildung 8.1: Modell des Wärmemengenzählers mit einem tangential eingebauten Thermometer.

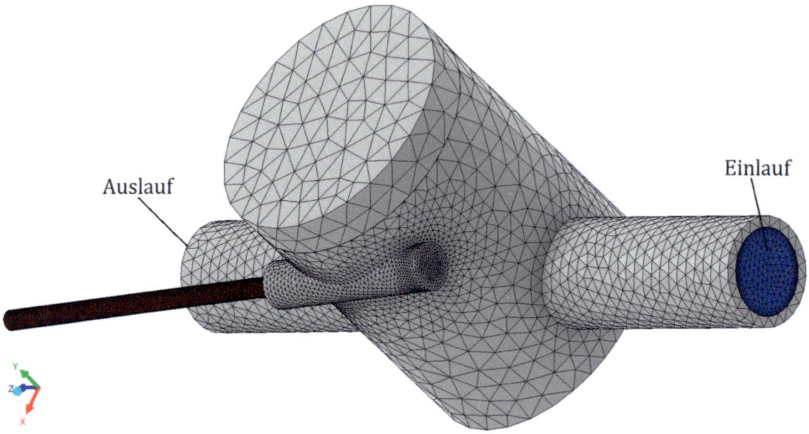

Abbildung 8.2: Vernetzung des WMZ-Modells aus Abbildung 8.1.

Eigenschaft	**Angabe**
Gehäusematerial	Edelstahl
Material Gehäuseeinsatz	PVC
Material Gehäusedeckel	PVC

Tabelle 8.1: Daten des Wärmemengenzählers.

Eigenschaft	Angabe
Typ	Widerstandsthermometer
Sensor	Pt100
Durchmesser	5,2 mm
Länge	45 mm
Schutzrohrfüllung	Wärmeleitpaste
Wärmeleitfähigkeit WLP	0,8 W/(mK)
Dichte WLP	2100 kg/m^3
spezifische Wärmekapazität WLP	630 J/(kgK)
Material Thermometerschutzrohr	Edelstahl
Material Leiterbahn	Kupfer
Material Anschlussleitung	Kupfer
Material Leitungsmantel	PVC

Tabelle 8.2: Daten des Thermometers.

globale Vernetzung	
Vernetzungsmethode	Curvature
minimale Größe	0,069 79 mm
maximale Frontgröße	6,979 mm
maximale Größe	13,96 mm
Wachstumsrate	1,2
Curvature Winkel	0,3142
Kollisionsvermeidung	Stair stepping
Vernetzung Wasser	
maximale Boundary Layer	6
Wachstumsrate Boundary Layer	1,2
Elementgröße	1,5 mm
Statistik	
Anzahl Knoten	587540
Anzahl Elemente	2144700

Tabelle 8.3: Vernetzung des Modells.

Bezeichnung	**Symbol**	**Wert**
Umgebungstemperatur	T_U	$25\,°C$
Wärmeübergangskoeffizient	α	$5\,W/(m^2K)$

Tabelle 8.4: Randbedingungen des Modells.

8.1.2 Bestimmung der Thermometerkennwerte

Interessant sind im Wesentlichen der Wärmeableitfehler und die Ansprechzeit, um Thermometer in dem gezeigten WMZ-Modell vergleichen zu können.

Der Wärmeableitfehler ΔT wird mithilfe einer statischen Simulation ermittelt. Er wird durch den Vergleich der mittleren Temperatur am Sensor T_{ist} mit einer Referenztemperatur T_{Ref} (siehe Gleichung 4.2 und 4.12) ermittelt. Die Ansprechzeit wird über eine transiente Simulation ermittelt. Ausgangsbasis ist wieder die mittlere Temperatur am Sensor. Diese wird nun zu unterschiedlichen Zeitpunkten ermittelt. Anhand der Temperatur in Abhängigkeit von der Zeit kann nun auch ein Zeitprozentwert t_x ermittelt werden. Hierfür kann das Skript in Listing 8.1 verwendet werden. Das Skript geht hier davon aus, dass keine Wärmeableitung vorliegt. Die Endtemperatur ist also die letzte ermittelte Temperatur. Soll eine andere Temperatur als Endtemperatur verwendet werden, so ist der Parameter $list[len(list) - 1].GetParameterValue(temp)$, bei der Festlegung des Parameters *search*, gegen diese auszutauschen.

```
def calct(y, pm):
list = pm.GetAllDesignPoints()
temp = pm.GetParameter(Name="P1")
t = pm.GetParameter(Name="P2")
search = \
  list[0].GetParameterValue(temp) + \
  (list[len(list)−1].GetParameterValue(temp) − \
  list[0].GetParameterValue(temp)) ∗ y
for i in range(0, len(list)):
     if list[i].GetParameterValue(temp) >= search:
          p = i − 1
          break
a = (list[p+1].GetParameterValue(temp) − \
  list[p].GetParameterValue(temp)) / \
  (list[p+1].GetParameterValue(t) − list[p].GetParameterValue(t))
b = list[p].GetParameterValue(temp) − a ∗ list[p].GetParameterValue(t)
return (search − b) / a

print ""
print "t50 = " + str(calct(0.5, Parameters))
print "t63 = " + str(calct(0.63, Parameters))
print "t90 = " + str(calct(0.9, Parameters))
```

Listing 8.1: Python-Skript zur Ermittlung der Ansprechzeiten in Ansys AIM.

8.1.3 Validierung des Modells

Zur Validierung des FEM-Modells werden die berechneten Daten mit experimentell ermittelten Daten verglichen. Der für die experimentelle Ermittlung verwendete Strömungskanal wird in Kapitel 4.2 beschrieben. Zwischen den Referenzthermometern wird ein Wärmemengenzähler (siehe Abbildung 3.14) eingebaut, in den ein Thermometer (siehe Abbildung 6.7) als Prüfling eingebaut wird. Die am Prüfling gemessene Temperatur wird nun, wie in Kapitel 8.1.2 dargestellt, mit der zwischen den Referenzthermometern interpolierten Temperatur verglichen.

Für die Validierung wurde eine Temperatur von 65 °C im Bad gewählt. Nach einem thermischen Ausgleich wurde bei den Durchflussraten 50 l/h, 100 l/h, 200 l/h und 300 l/h der gemessene Wärmeableitfehler mit dem, mithilfe des FEM-Modells, berechneten Wärmeableitfehler verglichen. Die Temperatur in dem klimatisierten Raum, in dem der Strömungskanal steht, betrug etwa 20 °C. Die am Einlauf des Wärmemengenzählers (siehe Abbildung 8.2) gemessenen Temperaturen sind in Tabelle 8.5 aufgeführt.

Durchfluss	Temperatur am Einlauf
50 l/h	64,83 °C
100 l/h	65,11 °C
200 l/h	65,24 °C
300 l/h	65,22 °C

Tabelle 8.5: Am Einlauf des Wärmemengenzählers gemessene Temperaturen.

Die Ergebnisse dieses Vergleichs von Messung und Simulation mittels FEM sind in Abbildung 8.3 dargestellt. Es ist zu erkennen, dass eine durchschnittliche Abweichung von etwa 0,1 K auftritt. Diese ist aber stabil über alle Messpunkte (die Standardabweichung beträgt 0,03 K). Der Grund für die Abweichung liegt zum Teil in dem vernachlässigten Flügelrad zur Durchflussmessung. Dieses erzeugt Verwirbelungen, die die Wärmeübertragungsbedingungen verändern. Es zeigt sich also eine plausibel berechnete Tendenz. Dies ist gerade bei der Analyse von Auswirkungen durch das Ändern von Einflussgrößen wichtig. Auch ein Vergleich der gemessenen Temperatur am Auslass des Wärmemengenzählers (65,14 °C) mit der berechneten (65,20 °C) zeigt bei einem Durchfluss von 300 l/h ein stimmiges Ergebnis.

Abbildung 8.4 zeigt den y^+-Wert im Bereich des Thermometers bei einem Durchfluss von 50 l/h. Der y^+-Wert entspricht einer auf dem Wandabstand basierenden turbulenten Reynoldszahl [17]. Er liefert eine Aussage über die Auflösung der Wandgrenzschicht und sollte für eine genaue Auflösung kleiner 1 sein. Im Bereich des Thermometers liegt der y^+-Wert hier durchgehend unterhalb von 1.

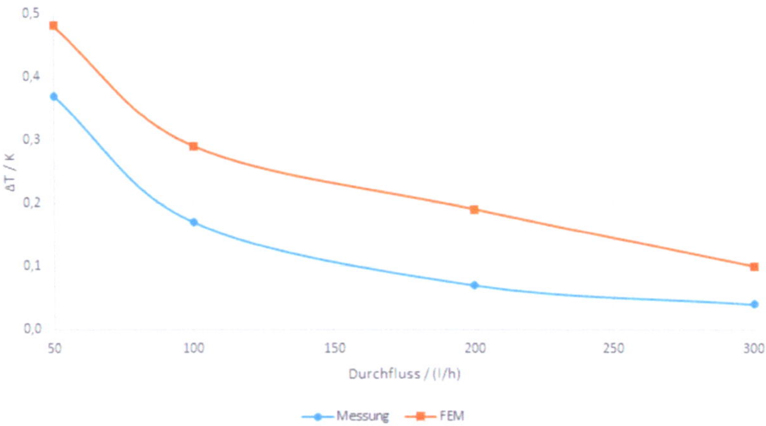

Abbildung 8.3: Vergleich des gemessenen mit dem berechneten Wärmeableitfehler (Betrag).

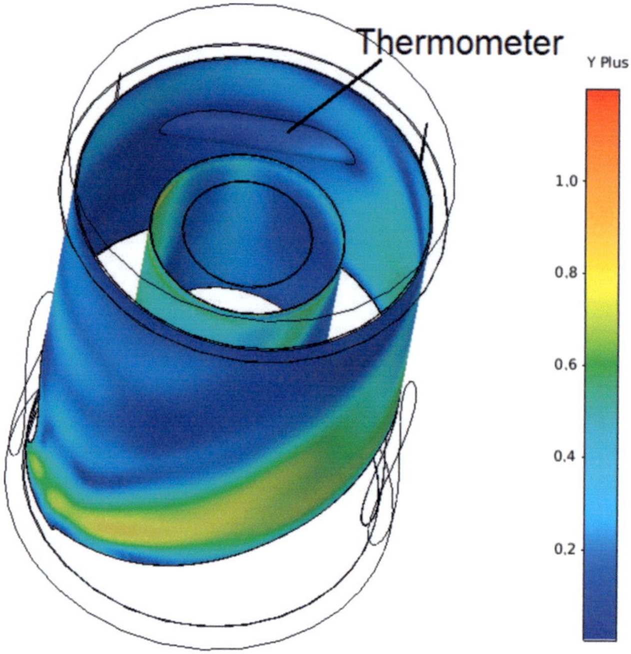

Abbildung 8.4: Darstellung des y^+-Werts im Bereich des Thermometers bei einem Durchfluss von $50\,\mathrm{l/h}$.

Mithilfe des Modells ist auch eine Vereinfachung zukünftiger Berechnungen möglich. Die Strömungsberechnung kann eingespart werden, wenn aus ihr die Wärmestromdichten am Thermometer ermittelt werden. Mithilfe der Wärmestromdichten ist nun eine weniger rechenintensive näherungsweise thermische Simulation möglich, die deutlich weniger Rechenzeit in Anspruch nimmt.

8.2 Aufbau des Thermometers

Eine besondere Rolle für die Optimierung für niedrige Eintauchtiefen kann Kunststoffen beigemessen werden (siehe hierzu Kapitel 5.4). Neben der nahezu beliebigen Variation der Bauform, kann durch die Zugabe von Additiven die Spitze eines Thermometers in ihrer Wärmeleitfähigkeit verbessert werden [53]. Hier stellt sich die Frage des geeignetsten Additivs. Gängige Additive richten sich durch den Applizierporgang aus, was in einer anisotropen Wärmeleitfähigkeit resultiert (siehe Kapitel 3.10). Dies führt zu einer Reihe von Schwierigkeiten. So kann bei ungünstiger Ausrichtung die Wärmeleitfähigkeit zwischen Sensor und anders temperierter Umgebung ungewollt verbessert, die zwischen Sensor und zu messendem Medium jedoch verschlechtert werden. Das wiederum kann unterschiedlich hohe Wärmeableitfehler und Ansprechzeiten, abhängig von der Ausrichtung des Thermometers zur Strömung, bewirken. Gerade im Bereich der Wärmeverbrauchsmessung wäre dies sehr ungünstig, da eine Differenz zweier Messwerte gebildet wird. Anisotrope Eigenschaften könnten, durch die Variation der Einspritzrichtung, jedoch auch durchaus zum Vorteil genutzt werden, wenn es gelingt das Additiv so auszurichten, dass die Wärmeleitfähigkeit vom Medium zum Sensor hoch, vom Sensor zur anders temperierten Umgebung jedoch niedrig ist.

Im Folgenden wird, aufbauend auf den bisherigen Erkenntnissen, ein Thermometerkonzept vorgestellt. Dieses Konzept optimiert die nötige Eintauchtiefe zur Unterschreitung eines maximal zulässigen Wärmeableitfehlers. In Zusammenarbeit mit der PGT Thermprozesstechnik GmbH sind, aufbauend auf diesem Konzept, erste Prototypen entstanden. Diese Prototypen wurden zudem näher untersucht, um das Konzept zu validieren.

8.2.1 Die Konstruktion des Thermometers

Die Abbildungen 8.5 und 8.6 zeigen das entstandene Thermometer. Es besitzt eine, durch die Zugabe von Bornitrid, gut wärmeleitende abgesetzte Spitze (Durchmesser $d = 3{,}5\,\mathrm{mm}$ und Länge $l = 5\,\mathrm{mm}$) mit $\lambda = 1{,}5\,\mathrm{W/(mK)}$

(niedrigster Messwert aus Mehrfachmessung). In diese ist der, auf einer Platine aufgebrachte, Temperatursensor bodennah eingebettet. Die Platinenspitze hat einen Abstand von 0,5 mm zur Thermometerspitze. Der hintere Teil des Thermometers besteht aus schlecht wärmeleitenden Kunststoff (Durchmesser $d = 5{,}2\,\mathrm{mm}$) mit $\lambda = 0{,}2\,\mathrm{W/(mK)}$, um den Sensor von der anders temperierten Umgebung möglichst gut zu entkoppeln (ähnlich [94] und [25]). Zur Abdichtung wird der gut wärmeleitende Teil mit einem O-Ring umspannt, bevor er mit dem schlecht wärmeleitenden Teil umspritzt wird. Als Kunststoff wurde ein PPS (Polyphenylensulfid) verwendet. Für die Anschlussleitung wurde eine 2-Leiter-Ausführung festgelegt.

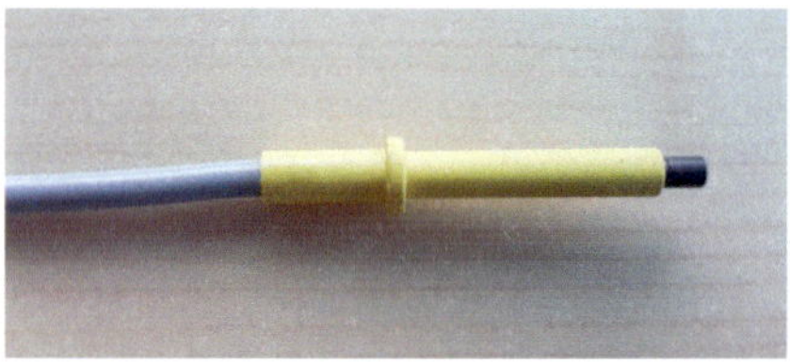

Abbildung 8.5: Kunststoff-Thermometer für Wärmemengenzähler.

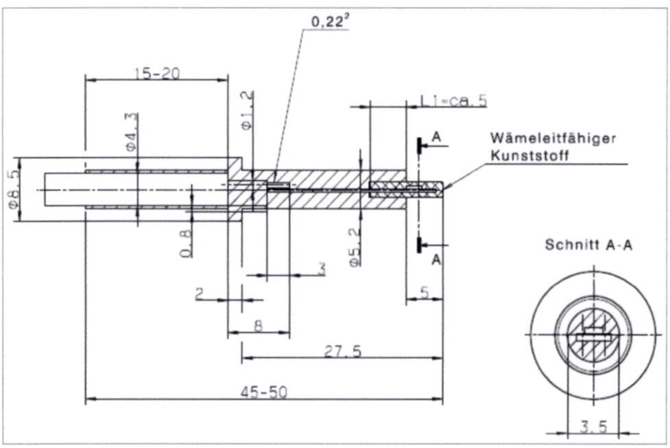

Abbildung 8.6: Zeichnung des Kunststoff-Thermometers für Wärmemengenzähler.

8.2.2 Die Auslegung der Platine

Zur weiteren Entkopplung des Sensors von der anders temperierten Umgebung, ist dieser auf einer Platine aufgebracht (ähnlich [73]). Dies ermöglicht Leiterbahnen zum Anschluss des Sensors mit einem sehr geringen Querschnitt. In der aktuell gefertigten Version des Thermometers, wird die in Abbildung 8.7 gezeigte Platine verwendet. Der 2,0 mm · 1,0 mm · 0,5 mm Pt500-Temperatursensor ist auf einer 22,0 mm · 2,0 mm · 0,5 mm Platine angebracht. Der Abstand des Sensors zur Platinenspitze ist mit 1 mm so gering wie möglich gehalten, um den Sensor so weit wie möglich an das zu messende Medium heran zu bringen.

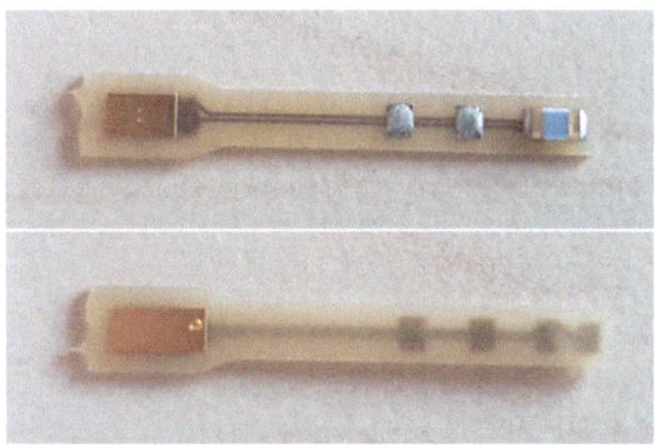

Abbildung 8.7: Die momentan verwendete Platine für das Kunststoff-Thermometer für Wärmemengenzähler. Dargestellt ist die Ober- (oben) und Unterseite (unten) der Platine.

Eine mögliche Optimierung der Platine ist in Abbildung 8.8 dargestellt. Hier wird unter Verwendung des 3D-MID-Verfahrens (3D - Molded Interconnect Devices) ein spritzgegossener 3 mm · 3 mm · 22 mm Kunststoffkörper mit Leiterbahnen versehen [65]. Das dabei in der Regel eingesetzte Verfahren der Laser-Direkt-Strukturierung (LDS) ist in Abbildung 8.9 beschrieben.

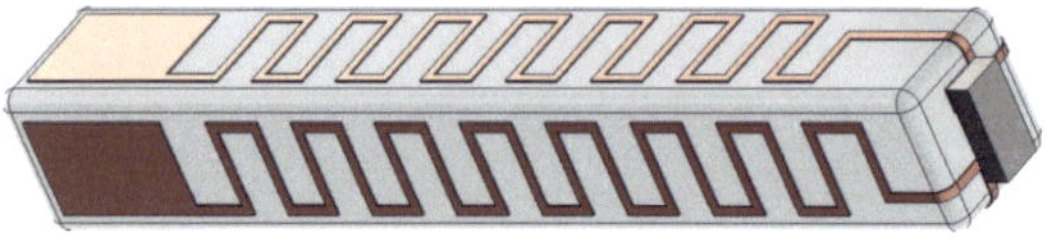

Abbildung 8.8: Optimierte 3D-MID-Platine (CAD) [25]. Der Temperatursensor ist am Boden der Platine aufgebracht (rechts).

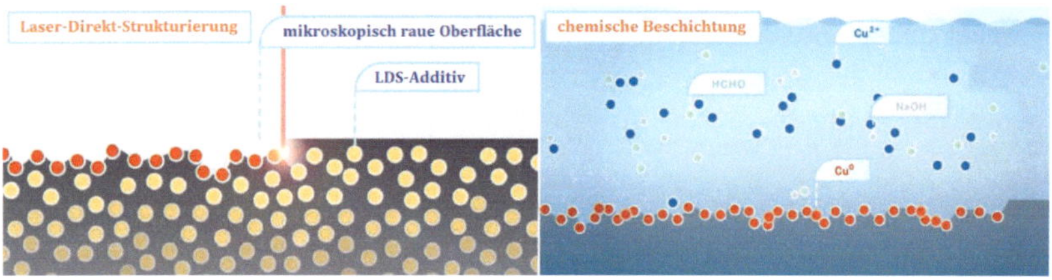

Abbildung 8.9: Ablauf des LDS-Verfahrens [60]. Zunächst wird die zukünftige Leiterbahn auf dem, mit einem speziellen Additiv versehenen, Kunststoffkörper mit einem Laser abgefahren, um das Additiv freizulegen (links). Anschließend wird das Leiterbahnmaterial über einen galvanischen Prozess an dem freigelegten Additiv abgelagert (rechts).

Mit dem LDS-Verfahren sind Leiterbahndicken von lediglich 5 μm realisierbar, wodurch der thermische Widerstand der Leiterbahn erhöht werden kann. Die Leiterbahnen sind zur weiteren Erhöhung des thermischen Widerstands mäanderförmig ausgeführt (ähnlich [57] und [58]). Zudem werden 4 Leiterbahnen zum Sensor geführt, was auch eine 4-Leiter-Messung bis zum Sensor ermöglicht. So kann auch eine Verfälschung des Messwerts durch einen erhöhten elektrischen Widerstand der Leiterbahnen vermieden werden. Denkbar ist ein Einsatz der Platine nicht nur in Verbindung mit dem Kunststoff-Thermometer, sondern auch in klassischen Edelstahl-Schutzrohren. Zur Vergrößerung des Abstands von Leiterbahnen und Schutzrohr, sind in diesem Fall zusätzliche Abstandshalter am Kunststoffteil der Platine denkbar. So können Kurzschlüsse sicher vermieden werden.

In FEM-Simulationen konnte mit der 3D-MID-Platine in Kombination mit dem Kunststoff-Thermometer bei einer Eintauchtiefe von 5 mm ein Wärmeableitfehler von 200 mK erreicht werden. Bei 7,5 mm Eintauchtiefe war mit einem Wärmeableitfehler von 50 mK bereits die Bedingung für die minimal nötige Eintauchtiefe nach DIN EN 60751 [41] erreicht (100 mK). Ein Vergleich mit der aktuell verwendeten Platine ist diesbezüglich anhand von Kapitel 8.3.3 möglich.

Ein kurzes Rechenbeispiel soll die Verbesserung der thermischen Übertragungsbedingungen verdeutlichen. Für den thermischen Widerstand gilt Gleichung 8.2. Der Kunststoffkörper hat auf der Länge mit den mäanderförmigen Leiterbahnen einen Wärmeleitwiderstand von etwa 8300 K/W. Für 4 Leiterbahnen mit üblichen Leiterbahndicken von 35 μm ergibt sich ein Wärmeleitwiderstand von ca. 1300 K/W. Durch eine Verringerung der Leiterbahndicke auf 5 μm und eine mäanderförmige Leiterbahnführung werden hingegen etwa 28 000 K/W erreicht.

$$R_\lambda = \frac{l}{\lambda A} \tag{8.2}$$

R_λ	Wärmeleitwiderstand
l	Länge
λ	Wärmeleitfähigkeit
A	Querschnittfläche

8.3 Untersuchung des Thermometers

Um zu prüfen, ob das entwickelte Thermometer die Anforderungen, die zum Teil auch in unterschiedlichen Normen festgelegt sind, erfüllt, wurde ein Testplan aufgestellt. Die Testergebnisse diesbezüglich sind in den folgenden Unterpunkten dargestellt. Der Testplan umfasst

1. eine Röntgen- und REM-Untersuchung (Rasterelektronenmikroskop),
2. die Überprüfung der Messabweichung,
3. des Wärmeableitfehlers,
4. des Ansprechverhaltens,
5. des Driftverhaltens,
6. der Druckbeständigkeit,
7. und des Isolationswiderstands.

8.3.1 Röntgen- und REM-Untersuchung

Eine Röntgenaufnahme des Thermometers ist in Abbildung 8.10 dargestellt. Der Sensor ist nah an der Thermometerspitze platziert, jedoch noch nicht exakt mittig ausgerichtet.

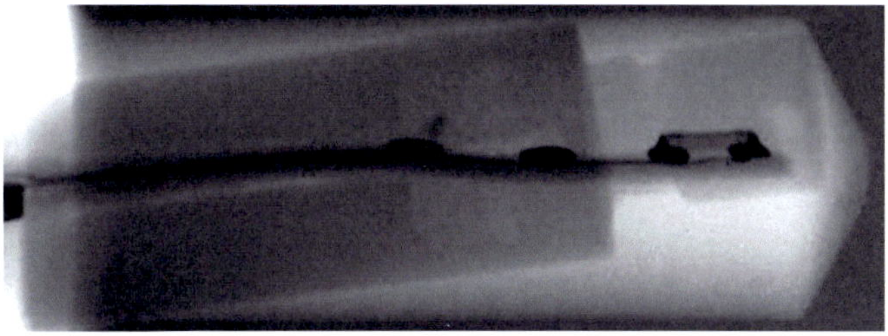

Abbildung 8.10: Röntgenbild des Kunststoff-Thermometers für Wärmemengenzähler.

Abbildung 8.11 zeigt ein längs abgeschliffenes Kunststoff-Thermometer. Diese Probe wurde einer REM-Untersuchung unterzogen. Dabei werden mit einem Rasterelektronenmikroskop Wechselwirkungen von Elektronen mit einem Objekt zur Erzeugung eines Vergrößerungsbildes genutzt.

Das so erzeugte Bild ist in Abbildung 8.12 dargestellt. Zum einen sind kleinere Lufteinschlüsse im Bereich des Sensors zu erkennen. Zum anderen lässt sich die überwiegende Ausrichtung der hellen fasrigen Partikel längs des Thermometers erkennen. Der Grund für die Längsausrichtung ist der Anspritzpunkt an der Thermometerspitze, parallel zur Längsachse des Thermometers.

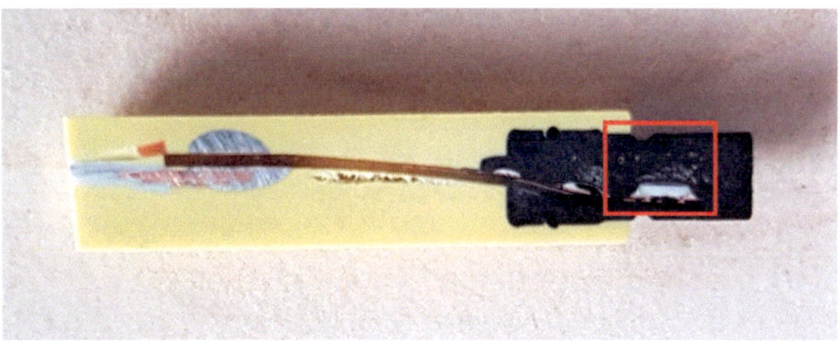

Abbildung 8.11: Abgeschliffenes Kunststoff-Thermometer. Der rote Rahmen markiert den im REM untersuchten Bereich.

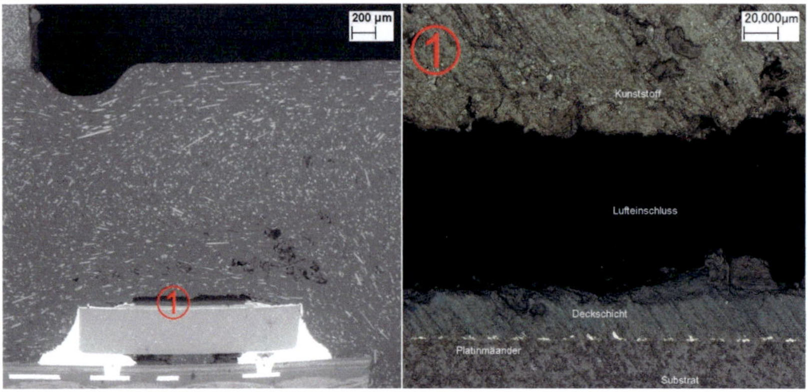

Abbildung 8.12: Mithilfe eines Rasterelektronenmikroskops vergrößerte Ansicht der Probe aus Abbildung 8.11. Der Sensor ist unten im linken Bild zu sehen. Im rechten Bild ist die Stelle Nr. 1 weiter vergrößert dargestellt.

Eine weitere Untersuchungsmöglichkeit in diesem Zusammenhang ist die Energy Dispersive X-Ray Analysis (EDX). Dabei werden die Atome in der Probe mit einem Elektronenstrahl angeregt, welche dann Röntgenstrahlung mit einer für das Element charakteristischen Energie aussenden [18]. Dies ermöglicht eine Aussage über die in der Probe enthaltenen Elemente.

Das Ergebnis der Untersuchung ist in Abbildung 8.13 zu sehen. Zu erkennen sind Bor (B) und Stickstoff (N), aus denen sich das Bornitrid (BN) zur Verbesserung der Wärmeleitfähigkeit zusammensetzt. Weitere sichtbare Elemente sind Calcium (Ca), Kohlenstoff (C), Sauerstoff (O) und Silizium (Si), welche sich z. B. zu Wollastonit (Ca3[Si3O9]) oder Calciumcarbonat (CaCO3) zusammensetzen. Wollastonit eignet sich zur Verbesserung von Steifigkeit und Biegefestigkeit. Calciumcarbonat kann hingegen zur Verbesserung der Temperaturbeständigkeit eingesetzt werden [15]. Zudem ist Schwefel (S), der Bestandteil eines PPS ist [122], und ein geringer Anteil Aluminium (Al) sichtbar.

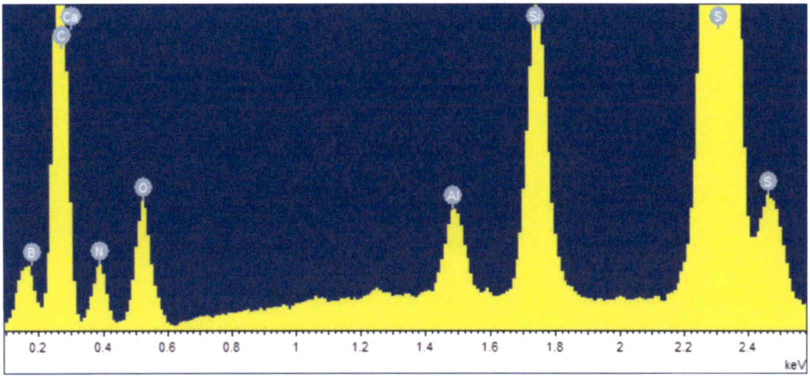

Abbildung 8.13: Ergebnis einer EDX mit der Probe aus Abbildung 8.11.

Die Röntgen- und REM-Untersuchung hat gezeigt, dass hier für eine zweite Generation des Prototypen Verbesserungen möglich sind. So kann die Platine bzw. der Sensor besser positioniert werden. Weiterhin können Lufteinschlüsse beseitigt werden, um die thermische Kopplung des Sensors zum zu messenden Medium zu verbessern (siehe hierzu auch "Homogenität ist der Schlüssel" in Kunststoffe 09/2017 [102]). Auch eine Verkürzung des in den schlecht wärmeleitenden Thermometerteil hineinragenden, gut wärmeleitenden, Thermometerteils ist vorzusehen. Denkbar ist zudem eine gezielte orthogonale Ausrichtung der Bornitrid-Partikel zur Längsachse des Thermometers durch die Wahl eines Anspritzpunktes orthogonal zur Längsachse des Thermometers für das Spritzugussverfahren. Eine Längsausrichtung der Partikel im Kunststoff ist, im vorliegenden Fall, im Sinne des Wärmeableitfehlers nicht optimal (siehe Kapitel 5).

8.3.2 Messabweichung

Für die Feststellung der Messabweichung wurde der Messwert des Thermometers mit dem eines Referenzthermometers verglichen. Dabei wurde in Thermostatbädern unterschiedlicher Temperatur gemessen. Die Ergebnisse sind in Tabelle 8.6 aufgeführt. Die Anschlussleitung am Sensor geht dabei in die Messung mit ein. Es zeigt sich, dass der erste Thermometer-Prototyp bereits Klasse B nach DIN EN 60751 [41] erfüllt. Der für den Thermometeraufbau verwendete Messchip ist mit F 0,3 nach DIN EN 60751 [41] spezifiziert. Somit ist keine Verschlechterung der Genauigkeitsklasse erkennbar.

Referenztemperatur	**Abweichung**
0,007 °C	0,210 K
10,008 °C	0,306 K
74,996 °C	0,309 K
139,991 °C	0,268 K

Tabelle 8.6: Messabweichungen des Kunststoff-Thermometers für Wärmemengenzähler.

8.3.3 Wärmeableitfehler

Abbildung 8.14 zeigt den Wärmeableitfehler des Kunststoff-Thermometers in Abhängigkeit von der Eintauchtiefe in Wasser bei 85 °C. Zum Vergleich ist der Wärmeableitfehler eines WMZ-Thermometers mit Schutzrohr, eines direct short Thermometers und die FEM-Berechung für das Kunststoff-Thermometer dargestellt. Es ist zu erkennen, dass die FEM-Berechnung die gemessenen Werte bereits recht gut voraussagt. Zudem ist eine deutliche Verbesserung des Wärmeableitfehlers im Vergleich zu klassischen Thermometern, gerade bei niedrigen Eintauchtiefen, sichtbar ($\Delta T = 0{,}89\,\mathrm{K}$ bei 5 mm Eintauchtiefe). Die nach DIN EN 60751 [41] minimal nötige Eintauchtiefe beträgt für diesen ersten Prototypen 15 mm.

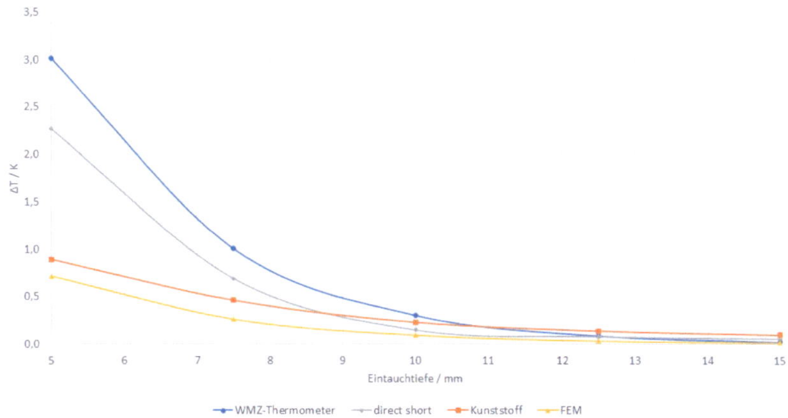

Abbildung 8.14: Vergleich von Messungen mit herkömmlichen Thermometern (Abbildung 7.1 Nr. 1 (blaue Kurve) und Nr. 2 (graue Kurve)), einer Messung des Kunststoff-Thermometers (orange Kurve) und einer FEM-Berechnung für das Kunststoff-Thermometer (gelbe Kurve) anhand des Wärmeableitfehlers (Betrag). Geprüft wurde in Wasser bei 85 °C im in Kapitel 4.1 beschriebenen Versuchsaufbau.

Um den Wärmeableitfehler auch unter Einbaubedingungen beurteilen zu können, wurde das Thermometer in dem in Kapitel 4.5 beschriebenen Strömungskanal untersucht. Die Ergebnisse sind in Abbildung 8.15 dargestellt.

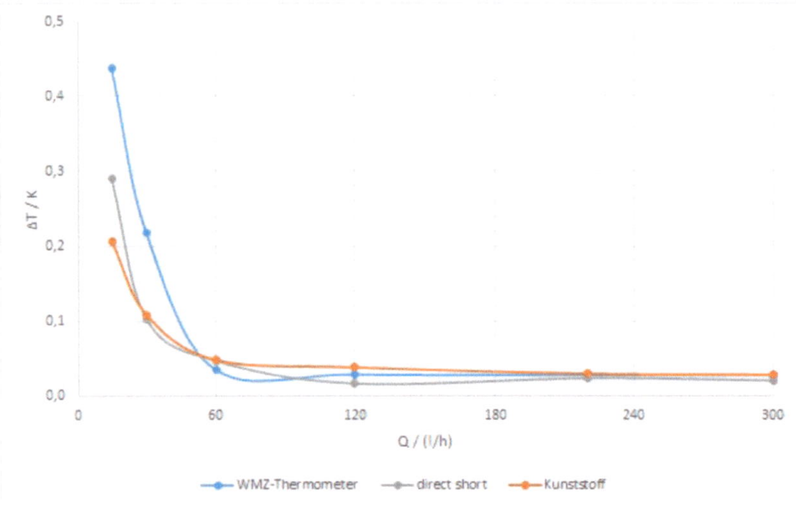

Abbildung 8.15: Vergleich von WMZ-Thermometer ($D = 5{,}2\,\mathrm{mm}$), direct short Thermometer ($D = 4{,}0\,\mathrm{mm}$) und Kunststoff-Thermometer anhand des Wärmeableitfehlers (Betrag). Geprüft wurde in Wasser bei $85\,^{\circ}\mathrm{C}$ in dem in Kapitel 4.5 beschriebenen Strömungskanal.

8.3.4 Ansprechverhalten

Die Ansprechzeiten des neu entwickelten Kunststoff-Thermometers können Tabelle 8.7 entnommen werden. Die Untersuchung wurde, wie in Kapitel 4.3 beschrieben, durchgeführt. Es ist eine deutliche Verbesserung gegenüber herkömmlichen Thermometern erkennbar.

Thermometer	$t_{0,5}$	$t_{0,63}$	$t_{0,9}$
WMZ-Thermometer	2,45 s	3,31 s	6,99 s
direct short	1,63 s	2,10 s	4,03 s
Kunststoff-Thermometer	1,23 s	1,62 s	3,61 s

Tabelle 8.7: Ansprechzeiten des Kunststoff-Thermometers im Vergleich zu anderen Standard-Thermometern (siehe Abbildung 7.1).

Interessant ist auch die Ansprechzeit des Thermometers in Wasser, in Abhängigkeit von der angeströmten Thermometerseite. Das Thermometer wurde hierzu an den in Abbildung 8.16 gezeigten Seiten mit Wasser angeströmt. Die Ergebnisse der statistischen Untersuchung hierzu sind in Tabelle 8.8 dargestellt. Es wurde eine einfaktorielle Varianzanalyse durchgeführt, um signifikante Unterschiede in den Ansprechzeiten zu identifizieren. Ausgehend von einem Signifikanzniveau α von $0,05$ wird die Nullhypothese beibehalten. Auch die Effektgrößen η^2 sind nach Cohen als gering anzusehen [106]. Es besteht also kein signifikanter Unterschied in der Ansprechzeit durch das Wechseln der angeströmten Thermometerseite.

Die Durchführbarkeit einer Varianzanalyse ist an Voraussetzungen geknüpft. Die Daten müssen normalverteilt sein, die Varianzen innerhalb der untersuchten Gruppen müssen homogen, also gleich groß, sein und die Messwerte müssen unabhängig voneinander sein. Hier ist insbesondere die Varianzhomogenität zu überprüfen. Hierzu eignet sich der Levene-Test, mit dem die Varianzhomogenität überprüft wird [106]. Der Test zeigt hier, dass die Varianzen in etwa gleich groß sind.

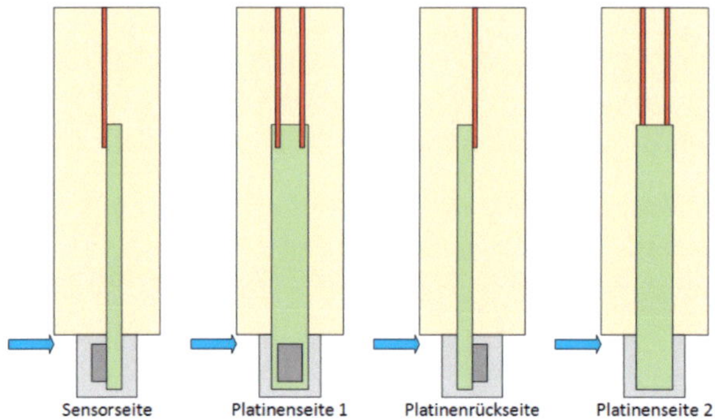

Abbildung 8.16: Schematische Darstellung der unterschiedlichen angeströmten Thermometerseiten (siehe Tabelle 8.8). Der blaue Pfeil gibt die Anströmrichtung wieder, die Platine ist in grün dargestellt.

Anströmrichtung	$\bar{t}_{0,5}$	$\sigma_{0,5}$	$\bar{t}_{0,63}$	$\sigma_{0,63}$	$\bar{t}_{0,9}$	$\sigma_{0,9}$
Sensorseite	1,24 s	0,05 s	1,63 s	0,06 s	3,61 s	0,13 s
Platinenseite 1	1,23 s	0,04 s	1,63 s	0,04 s	3,62 s	0,06 s
Platinenrückseite	1,21 s	0,05 s	1,61 s	0,05 s	3,62 s	0,08 s
Platinenseite 2	1,22 s	0,07 s	1,61 s	0,07 s	3,59 s	0,09 s
$Pr(>F)$	**0,828**		**0,894**		**0,962**	
η^2	**0,053**		**0,036**		**0,017**	

Tabelle 8.8: Statistische Auswertung des Ansprechverhaltens in Wasser bei Anströmung mit 0,2 m/s und wechselnder angeströmter Thermometerseite. Angegeben sind die Zeitprozentwerte t_x mit Standardabweichung σ_x, der p-Wert $Pr(>F)$ und die Effektgröße η^2.

Um eine Einschätzung des Ansprechverhaltens bei niedriger Eintauchtiefe zu bekommen, wurde die Ansprechzeit bei einer Eintauchtiefe von 5 mm bestimmt. Das Kunststoff-Thermometer wurde dabei mit einem WMZ-Thermometer verglichen. Die Ergebnisse sind in Tabelle 8.9 dargestellt. Es zeigt sich, dass das WMZ-Thermometer auf die verringerte Eintauchtiefe deutlich sensibler mit einer Verschlechterung der Ansprechzeit reagiert als das Kunststoff-Thermometer.

Thermometer	**Eintauchtiefe**	$t_{0,5}$	$t_{0,63}$	$t_{0,9}$
WMZ-Thermometer	voll eingetaucht	2,45 s	3,31 s	6,99 s
Kunststoff-Thermometer	voll eingetaucht	1,23 s	1,62 s	3,61 s
WMZ-Thermometer	5 mm	3,39 s	4,38 s	8,54 s
Kunststoff-Thermometer	5 mm	1,39 s	1,82 s	4,11 s
Verschlechterung bei niedriger Eintauchtiefe				
WMZ-Thermometer		38,37 %	32,33 %	22,17 %
Kunststoff-Thermometer		13,01 %	12,35 %	13,85 %

Tabelle 8.9: Ansprechzeiten des Kunststoff-Thermometers bei verschiedenen Eintauchtiefen im Vergleich zu einem WMZ-Thermometer (siehe Abbildung 7.1 Nr. 1).

Um das Ansprechverhalten auch unter Einbaubedingungen beurteilen zu können, wurde das Thermometer in dem in Kapitel 4.5 beschriebenen Strömungskanal untersucht. Die Ergebnisse sind in Tabelle 8.10 dargestellt.

Thermometer	**Durchfluss**	$t_{0,5}$	$t_{0,63}$	$t_{0,9}$
WMZ-Thermometer	120 l/h	35,02 s	46,10 s	82,20 s
	300 l/h	12,53 s	14,35 s	27,35 s
direct short Thermometer	120 l/h	33,41 s	43,82 s	78,50 s
	300 l/h	9,73 s	11,57 s	24,86 s
Kunststoff-Thermometer	120 l/h	31,51 s	40,11 s	68,75 s
	300 l/h	9,44 s	11,36 s	18,16 s

Tabelle 8.10: Ansprechzeiten des Kunststoff-Thermometers im Vergleich mit einem WMZ-Thermometer mit einem $D = 5{,}2\,\text{mm}$ und einem direct short Thermometer mit $D = 4{,}0\,\text{mm}$. Für die Untersuchung wurde der in Kapitel 4.5 beschriebene Strömungskanal verwendet und ein Temperatursprung von etwa 15 K durchgeführt.

8.3.5 Driftverhalten

Die Messwerte eines Thermometers können im Laufe der Zeit driften (siehe Kapitel 3.4.9). Für eine erste Aussage zum Driftverhalten des Thermometers, wurde eine Stichprobe im Wechsel erhitzt und abgekühlt. Dazu wurden die Thermometer 2 h in einen Ofen bei 150 °C gelegt. Anschließend wurden sie 2 h auf Raumtemperatur abgekühlt. Dieser Vorgang wurde 10 mal wiederholt. Vor und nach diesem Vorgehen wurde bei 0 °C, 10 °C, 75 °C und 140 °C der Messwert der Thermometer aufgenommen. Die Ergebnisse der Untersuchung sind in Tabelle 8.11 aufgeführt. Es zeigt sich im Rahmen dieser ersten Untersuchung eine nur geringe Drift der Messwerte, die auch die DIN EN 60751 [41] erfüllt. Die Drift liegt hierbei weitgehend innerhalb der Messunsicherheit der Temperaturbestimmung.

Temperatur	Drift
0 °C	−0,017 K
10 °C	−0,016 K
75 °C	−0,010 K
140 °C	−0,097 K

Tabelle 8.11: Driftverhalten des Kunststoff-Thermometers für Wärmemengenzähler.

8.3.6 Druckbeständigkeit

Abbildung 8.17 zeigt die Prüfeinrichtung (Druck-Kalibrator PPS 1210 [44]) für den Test der Druckbeständigkeit des Thermometers. Mit der Prüfeinrichtung kann bei einer vorgegebenen Temperatur der Druck am Thermometer langsam erhöht werden. Das Thermometer hielt hier ohne Schaden einem Druck von bis zu 150 bar bei 150 °C stand.

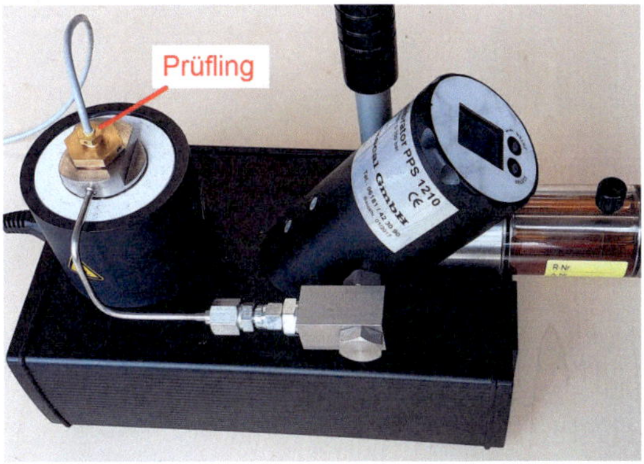

Abbildung 8.17: Prüfeinrichtung zum Testen der Druckbeständigkeit von Thermometern.

8.3.7 Isolationswiderstand

Zur Überprüfung des Isolationswiderstands nach DIN EN 60751 [41], wird zwischen Thermometer und Messkreis eine Spannung von 1 kV DC (Direct Current) und anschließend eine Spannung von 2 kV AC (Alternating Current) angelegt. Die Spannung wird jeweils 60 s gehalten. Das Thermometer ist bei dem beschriebenen Test isolierend und durchschlagsfest, womit der Test bestanden ist.

9 Fazit und Diskussion

Abschließend soll nun ein Fazit zu der vorliegenden Arbeit gezogen werden, um die erzielten Ergebnisse bewerten zu können.

Bisher gab es nur wenige ausführlich beschriebene Prüfeinrichtungen zur Bestimmung von Thermometerkennwerten für Widerstandsthermometer. Zu einer solchen Beschreibung gehört auch die Bewertung der Messunsicherheit einer solchen Prüfeinrichtung. In der vorliegenden Arbeit werden unterschiedlichste Prüfeinrichtungen zur Bestimmung von Thermometerkennwerten dargestellt und im Hinblick auf ihre Messunsicherheit bewertet. Eine Prüfeinrichtung, mit deren Hilfe Widerstandsthermometer unter Einbaubedingungen in der Wärmeverbrauchsmessung untersucht werden können, wird ausführlich vorgestellt. Es ist dabei möglich das statische und dynamische Verhalten zu untersuchen. Außerdem können Asymmetrieuntersuchungen an Thermometerpaaren durchgeführt werden. Dabei sind für die Wärmeverbrauchsmessung übliche Durchflussraten von 15 l/h bis 300 l/h bei der Verwendung von Wasser sowie Wasser-Glykol-Gemischen möglich. Zukünftig können hiermit weitere umfangreiche Untersuchungen unter verschiedenen Einbaubedingungen gemacht werden. So können beispielsweise auch unterschiedliche Wärmemengenzähler bezüglich ihrer messtechnischen Eignung miteinander verglichen werden.

Es werden umfangreiche Untersuchungen zum statischen und dynamischen Verhalten von Widerstandsthermometern dargestellt. Dabei wird die Bedeutung der thermischen Ankopplung eines Thermometers an das zu messende Medium, sowie die Entkopplung von der anders temperierten Umgebung für den Wärmeableitfehler ersichtlich. Die Füllhöhe und die Wärmeleitfähigkeit einer Wärmeleitpaste in einem für Thermometer eingesetzten Schutzrohr sollte abhängig von der Aufgabenstellung gewählt werden. Gerade wenn ein kleiner Wärmeableitfehler bei niedriger Eintauchtiefe realisiert werden soll, ist eine Anpassung der Füllhöhe an Sensorhöhe und Eintauchtiefe notwendig. Werden Wärmeleitpasten mit hoher Wärmeleitfähigkeit verwendet, so kann ein besonders niedriger Wärmeableitfehler realisiert werden. Jedoch wird auf Streuungen der Füllhöhen sensibler reagiert, was zu größeren Streuungen des Wärmeableitfehlers führen kann. Bei ungünstig gewählten Füllhöhen ist bei hohen Wärmeleitfähigkeiten zudem eine große Eintauchtiefe nötig bis der Wärmeableitfehler abklingt.

Mit dem LCSR-Test wird ein Konzept zur Untersuchung des dynamischen Verhaltens von Widerstandsthermometern im eingebauten Thermometer-Zustand dargestellt. Dabei wird auch die Eignung des LCSR-Tests für die Wärmeverbrauchsmessung gezeigt. Untersuchungen beim Einsatz unterschiedlicher Medien zeigen, dass die thermische Messabweichung und das dynamische Verhalten eines Berührungsthermometers, gerade bei niedrigen Strömungsgeschwindigkeiten, abhängig vom verwendeten Medium ist.

Weitere Untersuchungen zeigen die mathematische Darstellbarkeit von Thermometer-Sprungantworten in der Wärmeverbrauchsmessung in Form von RC-Ketten-Modellen. Hier hat sich insbesondere das RC-Modell 2. Ordnung nach F. Bernhard [20] bewährt.

Zur Untersuchung der Wärmeübergangsbedingungen unterschiedlicher Medien wird ein kalorimetrisches Sensorkonzept vorgestellt. Dieses ermöglicht zum einen die Simulation der Wärmeübergangsbedingungen unterschiedlicher Medien unter Verwendung von Wasser. Andererseits ermöglicht das Konzept aber auch die Vermessung der Homogenität der Wärmeübergangsbedingungen in Bädern, welche z. B. zur Kalibrierung von Thermometern genutzt werden.

Aufbauend auf den Erkenntnissen dieser Arbeit wird ein Thermometerkonzept vorgestellt. Durch die häufig verwendeten Thermometer mit Edelstahl-Schutzrohr entsteht gerade bei niedrigen Eintauchtiefen eine erhöhte Messabweichung durch Wärmeableitung. Das neu entstandene Thermometerkonzept ermöglicht das Messen der Temperatur bei niedrigen Eintauchtiefen in ein Medium, bei minimalem Wärmeableitfehler. Zudem werden mit dem Konzept gute thermische Eigenschaften realisiert. So beträgt $t_{0,9}$ in Wasser nach VDI/VDE 3522 [119] lediglich 3,61 s. Die Abweichung durch Wärmeableitung beträgt bei einer Eintauchtiefe von 5 mm in Wasser bei 85 °C nur 0,89 K. Zur Herstellung des Thermometers kommt Kunststoff zum Einsatz, dessen Wärmeleitfähigkeit durch Zugabe von Bornitrid erhöht wird. Außerdem kommt ein weiterer, schlecht wärmeleitender, Kunststoff zum Einsatz. Die thermische Kopplung des Temperatursensors an das zu messende Medium kann hierdurch erhöht, die zur anders temperierten Umgebung verringert werden. Weiteres Optimierungspotential wurde hier durch die Verwendung des 3D-MID-Verfahrens und der gezielten geometrischen Ausrichtung der Bornitrid-Partikel ausgemacht.

A Messunsicherheitsbilanzen zur Prüfeinrichtung zur Untersuchung von Widerstandsthermometern

Nachfolgend sind die Messunsicherheitsbilanzen zu der in Kapitel 4.5 dargestellten Prüfeinrichtung aufgeführt.

	Wert	Δv_i	Verteilung	Empf.koeff.	Unsicherh.
T_{ist}	69,985 °C	34 mK	Rechteck	1	34,00 mK
ΔT_{ist}	0	35 mK	Rechteck	1	35,00 mK
T_1	71,970 °C	34 mK	Rechteck	$-0,496$	$-16,85$ mK
ΔT_1	0	35 mK	Rechteck	$-0,496$	$-17,35$ mK
T_2	67,948 °C	34 mK	Rechteck	$-0,504$	$-17,15$ mK
ΔT_2	0	35 mK	Rechteck	$-0,504$	$-17,65$ mK
L	1,130 m	0,58 mm	Rechteck	$-1,795$ mK/mm	$-1,04$ mK
d	0,570 m	0,58 mm	Rechteck	3,559 mK/mm	2,05 mK
ΔT_{VS}	0	10,16 mK	Rechteck	1	10,16 mK
ΔT					**$(0,044 \pm 0,123)$ K**
					$k = 2$

Tabelle A.1: Messunsicherheitsbilanz für die Bestimmung des Wärmeableitfehlers bei einem Durchfluss von 15 l/h und einer Badtemperatur von 85 °C.

	Wert	Δv_i	Verteilung	Empf.koeff.	Unsicherh.
T_{ist}	77,805 °C	35 mK	Rechteck	1	35,00 mK
ΔT_{ist}	0	35 mK	Rechteck	1	35,00 mK
T_1	78,945 °C	35 mK	Rechteck	$-0,496$	−17,35 mK
ΔT_1	0	35 mK	Rechteck	$-0,496$	−17,35 mK
T_2	77,213 °C	35 mK	Rechteck	$-0,504$	−17,65 mK
ΔT_2	0	35 mK	Rechteck	$-0,504$	−17,65 mK
L	1,130 m	0,58 mm	Rechteck	−0,773 mK/mm	−0,45 mK
d	0,570 m	0,58 mm	Rechteck	1,533 mK/mm	0,88 mK
ΔT_{VS}	0	9,92 mK	Rechteck	1	9,92 mK
ΔT					$(-0,266 \pm 0,123)$ K $k = 2$

Tabelle A.2: Messunsicherheitsbilanz für die Bestimmung des Wärmeableitfehlers bei einem Durchfluss von 30 l/h und einer Badtemperatur von 85 °C.

	Wert	Δv_i	Verteilung	Empf.koeff.	Unsicherh.
T_{ist}	80,845 °C	35 mK	Rechteck	1	35,00 mK
ΔT_{ist}	0	35 mK	Rechteck	1	35,00 mK
T_1	81,690 °C	35 mK	Rechteck	$-0,496$	−17,35 mK
ΔT_1	0	35 mK	Rechteck	$-0,496$	−17,35 mK
T_2	80,311 °C	35 mK	Rechteck	$-0,504$	−17,65 mK
ΔT_2	0	35 mK	Rechteck	$-0,504$	−17,65 mK
L	1,130 m	0,58 mm	Rechteck	−0,616 mK/mm	−0,36 mK
d	0,570 m	0,58 mm	Rechteck	1,220 mK/mm	0,70 mK
ΔT_{VS}	0	5,73 mK	Rechteck	1	5,73 mK
ΔT					$(-0,149 \pm 0,122)$ K $k = 2$

Tabelle A.3: Messunsicherheitsbilanz für die Bestimmung des Wärmeableitfehlers bei einem Durchfluss von 60 l/h und einer Badtemperatur von 85 °C.

	Wert	Δv_i	Verteilung	Empf.koeff.	Unsicherh.
T_{ist}	83,573 °C	35 mK	Rechteck	1	35,00 mK
ΔT_{ist}	0	35 mK	Rechteck	1	35,00 mK
T_1	82,972 °C	35 mK	Rechteck	−0,496	−17,35 mK
ΔT_1	0	35 mK	Rechteck	−0,496	−17,35 mK
T_2	82,323 °C	35 mK	Rechteck	−0,504	−17,65 mK
ΔT_2	0	35 mK	Rechteck	−0,504	−17,65 mK
L	1,130 m	0,58 mm	Rechteck	−0,290 mK/mm	−0,17 mK
d	0,570 m	0,58 mm	Rechteck	0,574 mK/mm	0,33 mK
ΔT_{VS}	0	2,61 mK	Rechteck	1	2,61 mK
ΔT					$(-0,072 \pm 0,121)$ K $k = 2$

Tabelle A.4: Messunsicherheitsbilanz für die Bestimmung des Wärmeableitfehlers bei einem Durchfluss von 120 l/h und einer Badtemperatur von 85 °C.

	Wert	Δv_i	Verteilung	Empf.koeff.	Unsicherh.
T_{ist}	83,571 °C	35 mK	Rechteck	1	35,00 mK
ΔT_{ist}	0	35 mK	Rechteck	1	35,00 mK
T_1	83,772 °C	35 mK	Rechteck	−0,496	−17,35 mK
ΔT_1	0	35 mK	Rechteck	−0,496	−17,35 mK
T_2	83,496 °C	35 mK	Rechteck	−0,504	−17,65 mK
ΔT_2	0	35 mK	Rechteck	−0,504	−17,65 mK
L	1,130 m	0,58 mm	Rechteck	−0,123 mK/mm	−0,07 mK
d	0,570 m	0,58 mm	Rechteck	0,244 mK/mm	0,14 mK
ΔT_{VS}	0	1,09 mK	Rechteck	1	1,09 mK
ΔT					$(-0,062 \pm 0,121)$ K $k = 2$

Tabelle A.5: Messunsicherheitsbilanz für die Bestimmung des Wärmeableitfehlers bei einem Durchfluss von 220 l/h und einer Badtemperatur von 85 °C.

	Wert	Δv_i	Verteilung	Empf.koeff.	Unsicherh.
T_{ist}	83,834 °C	35 mK	Rechteck	1	35,00 mK
ΔT_{ist}	0	35 mK	Rechteck	1	35,00 mK
T_1	83,989 °C	35 mK	Rechteck	$-0,496$	$-17,35$ mK
ΔT_1	0	35 mK	Rechteck	$-0,496$	$-17,35$ mK
T_2	83,802 °C	35 mK	Rechteck	$-0,504$	$-17,65$ mK
ΔT_2	0	35 mK	Rechteck	$-0,504$	$-17,65$ mK
L	1,130 m	0,58 mm	Rechteck	$-0,083$ mK/mm	$-0,05$ mK
d	0,570 m	0,58 mm	Rechteck	0,165 mK/mm	0,10 mK
ΔT_{VS}	0	1,09 mK	Rechteck	1	1,09 mK
ΔT					$(-0,061 \pm 0,121)$ K
					$k = 2$

Tabelle A.6: Messunsicherheitsbilanz für die Bestimmung des Wärmeableitfehlers bei einem Durchfluss von 300 l/h und einer Badtemperatur von 85 °C.

B Partielle Ableitungen der RC-Modell-Gleichungen

$$\frac{\partial h_1(t)}{\partial \tau} = -\frac{t}{\tau^2} e^{-t/\tau} \tag{B.1}$$

$$\frac{\partial h_2(t)}{\partial \tau_1} = \frac{\tau_1 \tau 2 - t\tau_1 + t\tau_2}{\tau_1(\tau_1 - \tau_2)^2} e^{-t/\tau_1} - \frac{\tau_2}{(\tau_1 - \tau_2)^2} e^{-t/\tau_2} \tag{B.2}$$

$$\frac{\partial h_2(t)}{\partial \tau_2} = \frac{\tau_1 \tau 2 + t\tau_1 - t\tau_2}{\tau_2(\tau_2 - \tau_1)^2} e^{-t/\tau_2} - \frac{\tau_1}{(\tau_2 - \tau_1)^2} e^{-t/\tau_1} \tag{B.3}$$

$$\frac{\partial h_{2\mathrm{V}}(t)}{\partial \tau_1} = \frac{\tau_2 - \tau_\mathrm{V}}{(\tau_1 - \tau_2)^2} \left(e^{t/\tau_2} - e^{t/\tau_1} \right) e^{t\left(-\frac{1}{\tau_1} - \frac{1}{\tau_2}\right)} - \frac{t(\tau_1 - \tau_\mathrm{V})}{\tau_1^2(\tau_1 - \tau_2)} e^{-t/\tau_1} \tag{B.4}$$

$$\frac{\partial h_{2\mathrm{V}}(t)}{\partial \tau_2} = \frac{\tau_1 - \tau_\mathrm{V}}{(\tau_1 - \tau_2)^2} \left(e^{t/\tau_1} - e^{t/\tau_2} \right) e^{t\left(-\frac{1}{\tau_1} - \frac{1}{\tau_2}\right)} + \frac{t(\tau_2 - \tau_\mathrm{V})}{\tau_2^2(\tau_1 - \tau_2)} e^{-t/\tau_2} \tag{B.5}$$

$$\frac{\partial h_{2\mathrm{V}}(t)}{\partial \tau_\mathrm{V}} = \frac{e^{-t/\tau_1} - e^{-t/\tau_2}}{\tau_1 - \tau_2} \tag{B.6}$$

Thermometer	τ_1	τ_2
WMZ-Thermometer	3,40 s	0,75 s
direct short Thermometer	1,40 s	0,50 s
Kunststoff-Thermometer	1,80 s	0,20 s

Tabelle B.1: Startwerte des RC-Modells 2. Ordnung (siehe Kapitel 3.7.2) für das Gauß-Newton-Verfahren für unterschiedliche Thermometer.

C Adressen

Name	**Anschrift**
electrotherm Gesellschaft für Sensorik und thermische Meßtechnik mbH	Gewerbepark 6 98716 Geraberg
European Metrology Association for Thermal Energy Measurement (EMATEM) e. V.	Abbestraße 2-12 10587 Berlin
Hochschule Fulda	Leipziger Straße 123 36037 Fulda
JUMO GmbH & Co. KG	Moritz-Juchheim-Str. 1 36039 Fulda
PGT Thermprozesstechnik GmbH	Camp-Spich-Straße 65 53842 Troisdorf
PTB Physikalisch-Technische Bundesanstalt	Abbestr. 2 – 12 10587 Berlin
Technische Universität Ilmenau	Ehrenbergstraße 29 98693 Ilmenau

Abbildungsverzeichnis

Tabellenverzeichnis

Listingverzeichnis

Symbolverzeichnis

Symbol	Einheit	Beschreibung
A	m^2	am Wärmetransport beteiligte Oberfläche
A	m^2	Fläche
A	m^2	Querschnittfläche
A_{AL}	m^2	Querschnittfläche der Anschlusslitze
A_{LB}	m^2	Querschnittfläche der Leiterbahn
A_{min}	m^2	minimal vorkommende Rohrquerschnittfläche
a	m^2/s	Temperaturleitfähigkeit
α	1	Signifikanzniveau
α	$\mathrm{W}/(\mathrm{m}^2\mathrm{K})$	Wärmeübergangskoeffizient
α_{a}	$\mathrm{W}/(\mathrm{m}^2\mathrm{K})$	äußerer Wärmeübergangskoeffizient
α_{i}	$\mathrm{W}/(\mathrm{m}^2\mathrm{K})$	innerer Wärmeübergangskoeffizient
α_{L}	$\mathrm{W}/(\mathrm{m}^2\mathrm{K})$	scheinbarer Wärmeübergangskoeffizient

Symbol	Einheit	Beschreibung
α_P	$W/(m^2K)$	Wärmeübergangskoeffizient bei Prüfmedium
α_S	$W/(m^2K)$	Wärmeübergangskoeffizient für Strahlungswärmeaustausch
α_W	$W/(m^2K)$	Wärmeübergangskoeffizient bei Wasser
B	1	Kopplungsfaktor
B_{max}	1	maximal zulässige relative Abweichung
B_W	1	Kopplungsfaktor zwischen Schutzrohr- und Wandtemperatur
b	$Ws/(m^2K)$	thermometerabhängige Konstante aus Sprungantwort
b^*	$Ws/(m^2K)$	thermometerabhängige Konstante aus LCSR-Test
c_p	J/(kgK)	spezifische Wärmekapazität
c_p	J/(kgK)	spezifische Wärmekapazität des Mediums
D	m	Außendurchmesser
d	m	Innendurchmesser
d	m	Position
e	C	Elektronenladung
e	untersch.	Fehler
ε	1	Emissionsgrad

Symbol	Einheit	Beschreibung
ε_{T}	1	Emissionsgrad des Thermometers
η	$\mathrm{Pa \cdot s}$	dynamische Viskosität
f	1	Umrechnungsfaktor
g	$\mathrm{m/s^2}$	Erdbeschleunigung
$h(t)$	1	normierte Sprungantwort
$h_1(t)$	1	normierte Sprungantwort (RC-Modell 1. Ordnung)
$h_2(t)$	1	normierte Sprungantwort (RC-Modell 2. Ordnung)
$h_{2\mathrm{V}}(t)$	1	normierte Sprungantwort (RC-Modell 2. Ordnung mit τ_{V})
I	A	elektrischer Strom
I	A	Messstrom
K	untersch.	Koeffizient
k	1	k-Faktor
k	$\mathrm{W/(m^2K)}$	Wärmedurchgangszahl
L	m	charakteristische Länge
L	m	Einbaulänge
L	m	Strecke

Symbol	Einheit	Beschreibung
L_{AL}	m	Länge der Anschlusslitze
L_{LB}	m	Länge der Leiterbahn
L_{min}	m	kritische Eintauchtiefe
$L_{ü}$	m	Überströmlänge
l	m	Länge
l	m	Länge des Rohrabschnitts
l	m	Luftschichtdicke
λ	W/(mK)	isotrope Wärmeleitfähigkeit
λ	W/(mK)	Wärmeleitfähigkeit
λ	W/(mK)	Wärmeleitfähigkeit des Schutzrohrs
λ	W/(mK)	Wärmeleitfähigkeit der Rohrleitung
λ_0	W/(mK)	Wärmeleitfähigkeit der Luft
λ_{AL}	W/(mK)	Wärmeleitfähigkeit des Anschlusslitzenmaterials
$\lambda_{äq,L}$	W/(mK)	äquivalente Wärmeleitfähigkeit (Wärmeleitung)
$\lambda_{äq,S}$	W/(mK)	äquivalente Wärmeleitfähigkeit (Strahlung)
λ_F	W/(mK)	Wärmeleitfähigkeit des Fluids
λ_{LB}	W/(mK)	Wärmeleitfähigkeit des Leiterbahnmaterials
m	kg	Elektronenmasse

Symbol	Einheit	Beschreibung
m	$1/\mathrm{m}$	reziproke Länge
$\dot{m}$	$\mathrm{kg/s}$	Massenstrom
n	1	Elektronenanzahl
∇		Nabla-Operator
Nu	1	Nußelt-Zahl
P	W	elektrische Leistung
P_{R_M}	W	Leistung am Messwiderstand
P_Z	W	Zusatzleistung
p	Pa	Druck
Δp	Pa	Druckverlust
Δp_B	Pa	Druckverlust durch Bauteil
Δp_ges	Pa	Summe der Druckverluste
$\Delta p_\mathrm{L,l}$	Pa	Druckverlust in Rohrleitung bei laminarer Strömung
$\Delta p_\mathrm{L,t}$	Pa	Druckverlust in Rohrleitung bei turbulenter Strömung
Pr	1	Prandtl-Zahl
Φ	W	Wärmestrom

Symbol	Einheit	Beschreibung
Q	l/h	Durchflussrate
Q	J	verbrauchte Wärmemenge
Q_{max}	l/h	maximal vorkommende Durchflussrate
$\dot{Q}$	W	Wärmeleistung
$\dot{Q}$	W	Wärmestrom
$\dot{Q}_{\mathrm{S}}$	W	Wärmestrom durch Strahlung
$\dot{q}$	$\mathrm{W/m^2}$	Wärmestromdichte
$\dot{q}$	$\mathrm{W/m^2}$	Wärmequellenergiebigkeit
$\dot{q}_{\alpha}$	$\mathrm{W/m^2}$	Wärmestromdichte durch Konvektion
$\dot{q}_{\mathrm{S}}$	$\mathrm{W/m^2}$	Wärmestromdichte durch Strahlung
$\vec{\dot{q}}(\vec{x})$	$\mathrm{W/m^2}$	örtliche Wärmestromdichte durch Wärmeleitung
R	Ω	elektrischer Widerstand
R	K/W	thermischer Widerstand
R_0	Ω	elektrischer Widerstand bei Bezugstemperatur
R_{g}	Ω	elektrischer Gesamtwiderstand
R_{g}	K/W	thermischer Gesamtwiderstand
R_{iso}	Ω	Isolationswiderstand
R_{L}	Ω	Leitungswiderstand

Symbol	Einheit	Beschreibung
R_{M}	Ω	Messwiderstand
R_{m}	$\mathrm{J/(mol \cdot K)}$	Gaskonstante
R_{S}	K/W	Wärmeübergangswiderstand bei Strahlung
R_T	Ω	elektrischer Widerstand bei T
R_α	K/W	Wärmeübergangswiderstand beim konvektiven Wärmeübergang
$R_{\alpha,\mathrm{P}}$	K/W	R_α bei Prüfmedium
$R_{\alpha,\mathrm{W}}$	K/W	R_α bei Wasser
R_λ	K/W	Wärmeleitwiderstand
r	m	Radius
r_{a}	m	Außenradius
r_{i}	m	Innenradius
ρ	$\mathrm{kg/m^3}$	Dichte
ρ	$\Omega/(\mathrm{mm^2 m})$	spezifischer Widerstand
Re	1	Reynolds-Zahl
σ	untersch.	Standardabweichung
$\widetilde{\sigma}$	untersch.	Standardabweichung bei $n-1$ Freiheitsgraden
σ_{S}	$\mathrm{W/(m^2K^4)}$	Stefan-Boltzmann-Konstante

Symbol	Einheit	Beschreibung
T	°C	Temperatur
T_{ist}	°C	mit dem Prüfling gemessene Temperatur
T_M	°C	Temperatur des Mediums
T_N	s	Nachstellzeit
T_R	°C	Temperatur am Rücklauf
T_S	°C	Sensortemperatur
$T_{S,P}$	°C	T_S bei Prüfmedium
$T_{S,W}$	°C	T_S bei Wasser
T_{Ref}	°C	Referenztemperatur
T_T	°C	Temperatur des Thermometers
T_U	°C	Umgebungstemperatur
T_V	°C	Temperatur am Vorlauf
T_W	°C	Wandtemperatur
ΔT	K	Messabweichung
ΔT	K	Temperaturdifferenz
ΔT	K	Wärmeableitfehler
ΔT_P	K	ΔT bei Prüfmedium

Symbol	Einheit	Beschreibung
ΔT_{VS}	K	Einfluss der Messunsicherheit der MIDs auf die Bestimmung der Temperatur
ΔT_{W}	K	ΔT bei Wasser
t	s	Zeit
t_x	s	Zeitprozentwert aus Sprungantwort
t_x^*	s	Zeitprozentwert aus LCSR-Test
$\bar{t}$	s	durchschnittliche Rechenzeit
τ	s	Relaxationszeit
τ	s	Zeitkonstante
τ_{V}	s	Vorhaltzeitkonstante
U	V	elektrische Spannung
U	untersch.	erweiterte Messunsicherheit
u	untersch.	kombinierte Standardunsicherheit
$\dot{V}$	l/h	Durchfluss
V_{Gas}	m^3	Gasvolumen
V_{Hg}	m^3	Quecksilbervolumen
V_{m}	$\mathrm{m}^3/\mathrm{mol}$	Molvolumen
v	m/s	Geschwindigkeit

Symbol	Einheit	Beschreibung
v	m/s	Strömungsgeschwindigkeit
v	m/s	Relativgeschwindigkeit zwischen Medium und Thermometer
v	m/s	maximal vorkommende Strömungsgeschwindigkeit
v	1	Variationskoeffizient
v	untersch.	Variable
Δv	untersch.	Standardunsicherheit der Variable v
x	m	Höhe der hydrostatischen Flüssigkeitssäule
x	untersch.	Messwert
$\overline{x}$	untersch.	Mittelwert / Schätzwert
z	m	Eintauchtiefe
ζ	1	Widerstandsbeiwert

Abkürzungsverzeichnis

Abkürzung	**Bedeutung**
3D-MID	3D - Molded Interconnect Devices
AC	Alternating Current
Al	Aluminium
B	Bor
C	Kohlenstoff
Ca	Calcium
Cu	Kupfer
CAD	Computer-Aided Design
DC	Direct Current
DIN	Deutsches Institut für Normung
EDX	Energy Dispersive X-Ray Analysis
FEM	Finite Elemente Methode

Abkürzung	**Bedeutung**
EMATEM	European Metrology Association for Thermal Energy Measurement
GUI	Graphical User Interface
GUM	Guide to the Expression of Uncertainty in Measurement
ITS-90	International Temperature Scale of 1990
LCSR	Loop Current Step Response
LDS	Laser-Direkt-Strukturierung
MID	magnetisch-induktiver Durchflussmesser
MID	Measuring Instruments Directive
N	Stickstoff
Ni	Nickel
NPLC	Number of Power-Line-Cycles
O	Sauerstoff
PPS	Polyphenylensulfid
Pt	Platin
PTB	Physikalisch Technische Bundesanstalt
PTFE	Polytetrafluorethylen
RAM	Random-Access Memory

Abkürzung	**Bedeutung**
REM	Rasterelektronenmikroskop
S	Schwefel
Si	Silizium
WLP	Wärmeleitpaste
WMZ	Wärmemengenzähler

Literaturverzeichnis

[1] ABB Ltd: Annual report 2017.

[2] A. Actis / V. C. Fernicola: A reference instrument for accurate measurements of air temperature. IMEKO-Weltkongreß Osaka, 1999.

[3] F. Adunka: Handbuch der Wärmeverbrauchsmessung. Vulkan, 2011.

[4] F. Adunka: Meßunsicherheiten. Vulkan, 1998.

[5] AGFW e. V.: Technisches Handbuch Fernwärme. AGFW-Projektges. für Rationalisierung, Information und Standardisierung, 2009.

[6] Datenblatt Agilent 3458 Multimeter.

[7] Datenblatt Agilent 34970A Multimeter.

[8] Technisches Merkblatt Antifrogen N.

[9] Technisches Merkblatt Antifrogen Sol HT.

[10] S. Augustin / T. Fröhlich: Dynamisches Verhalten von Berührungsthermometern unter Berücksichtigung der Temperaturabhängigkeit der Materialdaten - Erweiterung der VDI/VDE-Richtlinie 3522. tm - Technisches Messen, Oldenbourg-Verlag, 2016, DOI 10.1515/teme-2015-0068.

[11] S. Augustin / T. Fröhlich / C. Ament: Temperature-Dependent Dynamic Behaviour of Process Temperature Sensors. International Journal

of Thermophysics, Springer Verlag, 2015, DOI 10.1007/s10765-015-1869-4.

[12] S. Augustin / T. Fröhlich / M. Heydrich: Bestimmung der Messunsicherheit dynamischer Kennwerte von Berührungsthermometern in strömender Luft. tm - Technisches Messen, Oldenbourg-Verlag, 2017, DOI 10.1515/teme-2016-0055.

[13] S. Augustin / T. Fröhlich / M. Schalles / S. Krummeck: Bilateral comparison of the measurement uncertainty for determining the dynamic characteristic values of contact thermometers in fluids. JSSS - Journal of Sensors and Sensor Systems, Copernicus Gesellschaft mbH, 2018, DOI 10.5194/jsss-7-331-2018.

[14] D. Auth: Entwicklung eines Messeinsatzaufbaus für Widerstandsthermometer zur frontbündigen Temperaturmessung nach wärmeübertragungstechnischen Gesichtspunkten. Masterarbeit, Hochschule Schmalkalden / Duale Hochschule Gera-Eisenach, 2017.

[15] E. Baur / T. A. Osswald / N. Rudolph / S. Brinkmann / E. Schmachtenberg: Saechtling Kunststoff Taschenbuch. Carl Hanser Verlag GmbH & Co. KG, 2013.

[16] Dokumentation Beckhoff BK9000, BK9050 und BK9100.

[17] C. Beinert: Eignung numerischer Strömungssimulation zur Bestimmung des Betriebsverhaltens von Industriearmaturen. Technische Universität Darmstadt, 2007.

[18] D. C. Bell / A. J. Garratt-Reed: Energy Dispersive X-ray Analysis in the Electron Microscope. Garland Science, 2003.

[19] K. Bergmeister / F. Fingerloos / J. D. Wörner: Beton-Kalender 2011 - Kraftwerke, Faserbeton. Ernst & Sohn, 2010.

[20] F. Bernhard: Handbuch der Technischen Temperaturmessung. Springer Vieweg, 2014.

[21] H. Bernstein: Messelektronik und Sensoren. Springer, 2014.

[22] G. Bleisteiner / W. Mangoldt: Handbuch der Regelungstechnik. Springer, 1961.

[23] P. Böckh / T. Wetzel: Wärmeübertragung. Springer, 2014.

[24] A. Brethauer: Entwurf und Realisierung einer Software zur Analyse des dynamischen Verhaltens von Berührungsthermometern in Fluiden. Masterarbeit, Hochschule Fulda, 2015.

[25] A. Brethauer: Temperatursensor. DPMA-Anmeldung DE 10 2018 115 327 (noch nicht offengelegt), 2018.

[26] A. Brethauer / T. Fröhlich / E. Engels: Untersuchung des dynamischen Verhaltens von Berührungsthermometern unter realen Bedingungen. tm - Technisches Messen, Oldenbourg-Verlag, 2017, DOI 10.1515/teme-2017-0101.

[27] A. Brethauer / T. Fröhlich / E. Engels: Vergleich von unterschiedlichen Widerstandsthermometern bei niedrigen Eintauchtiefen bezüglich ihres Wärmeableitfehlers. tm - Technisches Messen, Oldenbourg-Verlag, 2017, DOI 10.1515/teme-2017-0060.

[28] A. Brethauer / T. Fröhlich / E. Engels: Untersuchung des Wärmeableitfehlers von Temperaturfühlern in Abhängigkeit von Eintauchtiefe und Füllhöhe einer Wärmeleitpaste. Tagungsband, PTB - TEMPERATUR 2017, 2017.

[29] A. Brethauer / T. Fröhlich / E. Engels / S. Krummeck: Android-App zur Nutzung von numerischen Verfahren in der Temperaturmesstechnik. mpa - messen prüfen automatisieren, b-Quadrat Verlags GmbH & Co. KG, Ausgabe 4, 2018.

[30] A. Brethauer / T. Fröhlich / E. Engels / S. Krummeck: Android-App zur Nutzung von numerischen Verfahren in der Temperaturmesstechnik. Tagungsband, Technische Hochschule Köln - AALE 2018, 2018.

[31] A. Brethauer / S. Krummeck: Messunsicherheitsuntersuchung. Internes Papier, JUMO GmbH & Co. KG, 2018.

[32] I. N. Bronstein / K. A. Semendjajew / G. Musiol / H. Mühlig: Taschenbuch der Mathematik. Verlag Harri Deutsch, 2008.

[33] Richtlinie DAkkS-DKD-R 5-6: Bestimmung von Thermometerkennlinien. 2010.

[34] K. Dembowski: Energy Harvesting für die Mikroelektronik: Energieeffiziente und -autarke Lösungen für drahtlose Sensorsysteme. VDE Verlag GmbH, 2011.

[35] J. E. Dennis Jr. / R. B. Schnabel: Numerical Methods for Unconstrained Optimization and Nonlinear Equations. Prentice Hall, 1983.

[36] J. Detlefsen / U. Siart: Grundlagen der Hochfrequenztechnik. Oldenbourg Verlag, 2009.

[37] DIN 1319-1: Grundlagen der Meßtechnik - Teil 1: Grundbegriffe. 1995.

[38] DIN EN 1434: Wärmezähler. 2016.

[39] DIN 28403: Vakuumtechnik; Schnellverbindungen; Kleinflansch-Verbindungen. 1986.

[40] DIN EN 60584: Thermoelemente. 2014.

[41] DIN EN 60751: Industrielle Platin-Widerstandsthermometer und Platin-Temperatursensoren. 2009.

[42] J. Dörner: Spritzgießen elektrisch leitfähiger Thermoplaste – Prozesstechnik und Modellbildung. Universität Duisburg-Essen, 2012.

[43] Endress+Hauser Management AG: Geschäftsbericht 2016.

[44] Bedienungsanleitung europascal PPS1210 / PPS1210L.

[45] P. Eyerer / T. Hirth / P. Elsner: Polymer Engineering. Springer, 2008.

[46] O. Föllinger: Regelungstechnik. VDE VERLAG GmbH, 2016.

[47] F. Frenzel et al.: Praxis der Praxis der industriellen Durchflussmessung industriellen Durchflussmessung. ABB Automation Products GmbH, 2005.

[48] J. Frochte: Finite-Elemente-Methode. Carl Hanser Verlag GmbH & Co. KG, 2016.

[49] Y. Gao: Messunsicherheitsuntersuchung. Internes Papier, JUMO GmbH & Co. KG, 2017.

[50] I. Gerdes / F. Klawonn / R. Kruse: Evolutionäre Algorithmen. Springer Vieweg, 2004.

[51] K.-H. Grote / J. Feldhusen: Dubbel - Taschenbuch für den Maschinenbau. Springer, 2011.

[52] C. Groth / G. Müller: FEM für Praktiker - Temperaturfelder. expert-Verlag, 2000.

[53] M. Grundler / P. Stannek / T. Derieth / P. Beckhaus / A.Heinzel: Hochwärmeleitfähige Polymer-Compounds. Zentrum für Brennstoffzellen-Technik GmbH.

[54] H. M. Hashemian / K. M. Petersen: Loop current step response method for in-place measurement of response time of installed RTDs and thermocouples. American Institute of Physics, Temperature, Its Measurement and Control in Science and Industry, Vol. VI, Part 2, 1992.

[55] C. Heinle: Simulationsgestützte Entwicklung von Bauteilen aus wärmeleitenden Kunststoffen. Universität Erlangen-Nürnberg, 2012.

[56] Heraeus Holding GmbH: Jahresbericht 2016.

[57] Heraeus Sensor-Nite GmbH: Elektrischer Sensor, insbesondere Temperatur-Sensor, mit Leiterplatte. DE 197 42 236 A1, 1999.

[58] Heraeus Sensor-Nite GmbH: Leiterplatte mit Kontaktfeldern für Anschlußleiter, Verfahren zu deren Herstellung und Verbindung sowie deren Verwendung. Offenlegungsschrift DE 196 40 058 A1, 1998.

[59] H. Herwig / A. Moschallski: Wärmeübertragung. Springer Vieweg, 2014.

[60] T. Hess: Introduction Multiple Dimensions & 3D-MID. Präsentationsfolien, Multiple Dimensions AG, 2018.

[61] M. Heydrich: Erstellung eines Messunsicherheitsbudgets bei der Bestimmung dynamischer Kennwerte von Berührungsthermometern für verschiedene Einsatzszenarien. Bachelorarbeit, TU Ilmenau, 2016.

[62] C. Hoffmann: Konzeption, Aufbau und messtechnische Untersuchungen eines Strömungskanals für Prüfstände zur Untersuchung des dynamischen Verhaltens von Berührungsthermometern in Wasser. Masterarbeit, Technische Universität Ilmenau, 2016.

[63] M. Hohmann: Realisierung eines Blockkalibrators mit Wärmestromsensoren und integrierten Fixpunktzellen. Technische Universität Ilmenau, 2016.

[64] R. Hooke / T. A. Jeeves: Direct Search - Solution of Numerical and Statistical Problems. Journal of the ACM 8, 1961.

[65] J. Hörber / J. Franke / F. Ranft / C. Heinle / D. Drummer: Thermisch leitfähige Kunststoffe für kostengünstige Fertigung und erweiterte Funktionalität in der MID-Technologie. PLUS - Produktion von Leiterplatten und Systemen; 12, 12; 2870-2886, 2010.

[66] S. Ihle: Experimentelle Bestimmung des Recoveryfaktors einer Temperatursonde. Bachelorarbeit, Technische Universität Wien, 2009.

[67] K. Irrgang / L. Michalowsky: Temperaturmesspraxis mit Widerstandsthermometern und Thermoelementen. Vulkan, 2003.

[68] ISO/BIPM: Guide to the Expression of Uncertainty in Measurement. 2008.

[69] Datenblatt Joventa KVDN20/2/4.5 Durchgangsventil.

[70] Datenblatt Joventa VA120.1M Kleinventilantrieb.

[71] Produktdatenblatt Julabo CORIO CD-900F Kälte-Umwälzthermostat.

[72] JUMO GmbH & Co. KG: Geschäftsbericht 2016.

[73] JUMO GmbH & Co. KG: Temperatursensor mit Multilayer-Leiterplatine. Europäische Patentanmeldung EP 2 312 288 A1, 2011.

[74] Typenblatt JUMO DICON touch Regler.

[75] Typenblatt JUMO Platin-Chip-Temperatursensoren mit Anschlussdrähten nach DIN EN 60751.

[76] Datenblatt Kerafol KP 12.

[77] Datenblatt Keratherm KP 97.

[78] C. D. Khazaeli: Systemisches Design. Rowohlt Taschenbuch Verlag, 2005.

[79] S. Kirchberg: Einfluss von Füllgrad und Geometrie weichmagnetischer Partikel auf die Verarbeitungs- und Materialeigenschaften ausgewählter Thermoplaste. Clausthal-Zellerfeld - Papierflieger, 2009.

[80] Handbuch KROHNE OPTIFLUX MID.

[81] S. Labidi / A. L. C. Bazzan: Advances in Artificial Intelligence - SBIA 2004. 17th Brazilian Symposium on Artificial Intelligence, 2008.

[82] S. Lau: Algebra und Diskrete Mathematik 1. Springer, 2011.

[83] F. Lieneweg: Handbuch der technischen Temperaturmessung. Vieweg, 1976.

[84] H. Lutz / W. Wendt: Taschenbuch der Regelungstechnik. Verlag Harri Deutsch, 2007.

[85] Datenblatt LUVOCOM 1301-8836.

[86] H. Mammen / G. Krapf / C. Hoffmann / T. Sasiuk / M. Pufke / S. Marin / T. Fröhlich: Prüfeinrichtung zur Untersuchung des dynamischen Verhaltens von Berührungsthermometern in Wasser. Tagungsband, PTB - TEMPERATUR 2017, 2017.

[87] J. F. March: PTB-Bericht ThEx-14. Wirtschaftsverl. NW - Verlag für Neue Wiss., 2000.

[88] R. J. Moffat: Gas Temperature Measurement (A short course in temperature measurement, part 4). Moffat Thermosciences, Inc., Los Altos, 1987.

[89] M. Nau: Elektrische Temperaturmesstechnik. JUMO GmbH & Co. KG, 2004.

[90] W. Nitsche / A. Brunn: Strömungsmesstechnik. Springer, 2006.

[91] Official Journal of the European Union: Directive 2014/32/EU of the European Parliament and of the Council of 26 February 2014 on the harmonisation of the laws of the Member States relating to the making available on the market of measuring instruments (recast). 2014.

[92] R. Palenčár / P. Sopkuliak / J. Palenčár / S. Ďuriš / E. Suroviak / M. Halaj: Application of Monte Carlo Method for Evaluation of Un-

certainties of ITS-90 by Standard Platinum Resistance Thermometer. MEASUREMENT SCIENCE REVIEW, 2017, DOI 10.1515/msr-2017-0014.

[93] R. Pfeifer: Effektive Messauswertung mit der Gauß'schen Fehlerquadratmethode. Sport und Buch Strauß, 2001.

[94] PGT Thermoprozesstechnik GmbH: Temperatursensor. Offenlegungsschrift DE 10 2012 204 817 A1, 2013.

[95] W. Polifke / J. Kopitz: Wärmeübertragung. Pearson Studium, 2005.

[96] H. Preston-Thomas: The International Temperature Scale of 1990 (ITS-90). Metrologia 27, Springer, 1990.

[97] K. V. Price / R. M. Storn / J. A. Lampinen: Differential Evolution – A Practical Approach to Global Optimization. Springer, 2005.

[98] PTB TR K8: Messgeräte für thermische Energie - Auswahl und Einbau von Temperaturfühlern für Messgeräte thermischer Energie (Wärme - und Kältezähler). 2014.

[99] PTB TR K9: Messgeräte für thermische Energie - Inbetriebnahme von Wärme- und Kältezählern. 2014.

[100] D. M. Rowe: Thermoelectrics Handbook. CRC Press, 2005.

[101] T. Sasiuk: Vorrichtung zur Bestimmung des dynamischen Verhaltens von Temperaturfühlern in Wasser. Masterarbeit, Technische Universität Ilmenau, 2015.

[102] M. Schadhauser / J. Martin / M. Würtele / P. Karlinger / N. Modler: Homogenität ist der Schlüssel. Kunststoffe, Carl Hanser Verlag, 09/2017.

[103] G. Scheller: Messunsicherheitsbudget Strömmungskanal. Internes Papier, JUMO GmbH & Co. KG, 2011.

[104] G. Scheller / S. Krummeck: Messunsicherheit einer Temperaturmesskette. JUMO GmbH & Co. KG, 2003.

[105] P. Scholz / S. Sattler / D. Wulff: Der große Wasserkanal "GWB"- Eine Versuchsanlage für zeitauflösende Messungen bei großen Reynoldszahlen. Deutscher Luft- und Raumfahrtkongress 2013.

[106] P. Sedlmeier / F. Renkewitz: Forschungsmethoden und Statistik. Pearson Studium, 2013.

[107] M. Sesselmann: FEM-gestützte Optimierung, Aufbau und meßtechnische Untersuchung von Miniaturfixpunkt-Thermoelementen. Diplomarbeit, Technische Universität Ilmenau, 1994.

[108] H. Sigloch: Technische Fluiddynamik. Springer Vieweg, 2012.

[109] E. Specht: Der Mensch als wärmetechnisches System. Otto-von-Guericke-Universität Magdeburg, 2005.

[110] P. Steinke: Finite-Elemente-Medthode. Springer Vieweg, 2015.

[111] Testo SE & Co. KGaA: Geschäftsbericht 2016.

[112] P. A. Tipler / G. Mosca: Physik. Springer Spektrum, 2015.

[113] H. Tränkler / L. Reindl: Sensortechnik. Springer, 2014.

[114] Technische Information Tyfocor L.

[115] Technische Information Tyfocor LS.

[116] Technisches Datenblatt Ultimaker PC.

[117] Specification sheet Ultimaker 3.

[118] VDI-Wärmeatlas. Springer, 2013.

[119] VDI/VDE 3522: Zeitverhalten von Berührungsthermometern. 2014.

[120] B. Weigand / J. Köhler / J. v. Wolfersdorf: Thermodynamik kompakt. Springer Vieweg, 2016.

[121] K. Weicker: Evolutionäre Algorithmen. Springer Vieweg, 2015.

[122] B. Wunderlich: Thermal Analysis of Polymeric Materials. Springer, 2005.